自然科学のとびら

― 生命・宇宙・生活 ―

溝口　元／河合　忍 共著

アイ・ケイ コーポレーション

はじめに

「世界は今，環境，エネルギー，食料，感染症など，地球規模の様々な問題に直面している。さらに，東日本大震災は，わが国の未曾有の危機であるだけでなく，世界的な課題となっている。このような世界規模の多様な問題に対して，各国は協調，協力して取り組まなければならない。わが国は，科学技術の先進国として，これらの問題に先駆けて対峙していきます。」とは，今後の日本の「科学技術基本計画」(2011年，閣議決定)の根幹部分である。これは，「科学技術の水準を向上させることによって，日本の経済社会を発展させ，国民福祉を増進すること」を目的として，国が取り組む科学技術政策の具体的な内容を定めたものでもある。

現代社会は，あらゆる場面で科学技術と密接に関係しているといっても過言ではない。東日本大震災と福島第一原子力発電所の事故，エボラ出血熱やデング熱などの瞬時に世界的な規模へ拡散する可能性が高い感染症，各種日常的な食品への異物混入，国際自然保護連合がミナミマグロをもっとも絶滅が危惧される「絶滅危惧1A類」としたことやニホンウナギが絶滅危惧種となったこと等々である。

さらに，高血圧薬「ディオバン」について5つの医科大学・医学部で高い効果を示すデータ操作，東京大学分子細胞生物研究所や筑波大学・国立環境研究所における画像改ざんなど論文の不正，さらに理化学研究所のSTAP細胞のねつ造疑惑・掲載論文撤回など科学技術の社会的信頼性失墜や科学者倫理に関わる問題が大きな話題となった。反面，iPS細胞の臨床研究開始，青色ダイオードの開発・実用化によるノーベル物理学賞受賞，火星着陸，太陽系脱出，など今後，大きな期待がかけられる出来事も報じられた。

まさに，日常生活を営んでいくためには，どうしても自然科学の知識・成果と向き合わざるを得ないのが今日的状況であろう。そのためには，「自然科学のとびら」を開いてみることがまず求められる。

本書は，同じ著者らが2011年に刊行した『生命と生活環境―自然科学への誘い―』の後継書と位置付けられるものである。幸い少なくない読者を得，また，大学等におけるテキストとしても利用された。そこからの反響や意見，要望等が本書の題材の選択の有効な情報となった。興味が喚起される最新の話題やさらにわかりやすく掘り下げた事例を集めたつもりである。

近代科学は，16世紀に西欧社会で，宇宙(マクロコスモス)と生命(ミクロコスモス)の探求から始まったとみなすことができる。そのうち，本書は主として，生命現象の今日的な理解を通じて自然科学の見方や志向性を概観し，現代社会と向き合い，将来展望を考えていく態度が育まれることを目指したものである。その際，理解を助けるため，自然科学的知識が生まれてくる歴史的背景や社会的な関連にも配慮することを心掛けた。生命科学的知識が一見無関係な領域とつながっている意外性も「知」の楽しみの一つであろう。

本書の構成を概観しておこう。
Ⅰ．自然認識から自然科学へでは，近代科学の源流と捉えられる古代ギリシャの自然観から説き起こし，今日の生命科学の前提となる顕微鏡観察の発端，生物進化論，発生現象の理解に加えて，生命現象の解明に格闘した異能の生物学者たちにも触れた。

Ⅱ．現代の生命科学では，今日の生命観の主流である物質レベル，遺伝子レベルでみた生命現象とその産業化に加えて，近年，急速に関心が高まっている細胞レベルにおける知見を細胞性粘菌などの解説とともに扱った。

Ⅲ．人間の生物学では，我々人間と関係した生物学的・医学的話題を取り上げた。飲酒と喫煙，がんを巡る諸問題，そして先端医療技術として社会的にも高い期待がみられる再生医療の科学的原理であるクローン生物から実際の臨床的場面までを述べた。

Ⅳ．感染症と生活環境では，実用的知識としてAIDS，O-157，新型インフルエンザに加えてデング熱，エボラ出血熱なども扱い，さらに，免疫の考え方とその仕組み，それと関連したアレルギーやアトピーなどの疾患，花粉症等を話題にした。

Ⅴ．地球環境と宇宙では，地球環境問題として原子力発電所の事故，酸性雨とオゾン層の破壊，地球の温暖化，自然の保護と対策の事例としてアホウドリならびにクニマスを，そして，地球から宇宙へ目を向け，地球の形，月と地球，宇宙開発競争を扱った。

そして，最後に付録として，地域に分けた科学技術の歩みを扱った年表と日本関係のノーベル賞受賞者のプロフィールを加えた。

広範囲にわたって自然科学の知識が求められる現代社会において，本書がその基礎的知識の理解・習得を助け，生命科学を中心とした科学技術と社会や文化との関係を考える素材として利用できるとともに，いまから改めて自然科学を学ぶために開く「とびら」となれば幸いである。

2015年1月

溝口　元／河合　忍

目　次

Ⅰ．自然認識から自然科学へ

Ⅰ－1　近代科学の源流

（1）　自然への関心の高まり

人類の歴史のなかで，自然現象を合理的・体系的にとらえていこうという思想が芽生えたのは古代ギリシャ時代であった。紀元前900～800年頃にはすでに，イタリア半島の東側やエーゲ海の島々，小アジア(トルコ)西岸などに住み着いたドーリア人と呼ばれる集団がポリス(都市国家)を形成していた，このうちの小アジア西岸の都市ミレトスで活躍したタレス(B.C.624-546頃)は，万物の根源(アルケー)を「水」に求めた。「水」は冷えれば氷に，熱せられれば蒸気となるように変化に富み，かつ身の回りにあるありふれた物質である。このように，究極の単一のものから万物の生成を説明しようとする立場を「一元論」とよばれ，以降の科学の歩みのなかにしばしば採り入れられた。また，神話的解釈から脱して，ともかく自然物によって自然界の現象を説明しようとするものであった。

ギリシャ北部の商業都市アブデラに生まれたデモクリトス(B.C.460-370頃)は，万物の多様な変化は永遠に不滅で等質だが，形や大きさ，位置が異なり，それ以上分解できない「原子(アトム)」の解離・結合によって生じると考えた(古代原子論)。そして，ピュタゴラス(B.C.582-497頃)は，「万物は数である」というスローガンを挙げ，宇宙の根本原理を数的に解釈した(「数学的自然観」)。そのため，計算などの実用的な数学よりも数の理論と図形の研究に重きを置いた。数字と点の数を対応させ，点10個で三角形をつくる(三角形数)や点9個で正方形をつくる(正方形数)，点12個で長方形をつくる(長方形数)ことを見出したことから理解されるように自然数列と図形との関係を追究した。幾何学の定理としてよく知られている「ピュタゴラスの定理」は，ピュタゴラス自身の発見かどうかは疑問視されているが，「ピュタゴラス」を冠する「ピュタゴラス学派」の発見である。また，この定理は無理数の発見にもつながっていった。すなわち，正方形の対角線(直角三角形の斜辺)の長さは，整数の比では表すことができないことを見出したのである。こうして，ピュタゴラス学派の「数学的自然観」は，タレスらの「一元論」，デモクリトスの「原子論」とともに西欧近代科学の成立に大きな役割を果たした。

また，アルコール，アルカリ，ソーダ，砂糖のようなわれわれの身近にある物質の名称の多くは，その起源をアラビアに求めることができる。逆にいえば，8～10世紀頃のアラビア世界では，物質に関する研究が大いに進展していたのである。なかでも，「錬金術」の体系化はこの時期の特徴である。錫や鉛のような卑金属を金や銀などの貴金属に転化させようとする錬金術自体は3世紀頃のアレクサンドリアに起源をもつが，神秘的な魔術と捉えられがちである。しかし，アラビアの錬金術は広範な物質変化を扱った。そこから得られた知識や開発された器具や操作法が中世ヨーロッパへ伝えられ，近代化学の成立に貢献したのであった。

（2） アリストテレスの考え方

古代ギリシャ時代の「万学の祖」とよばれるアリストテレス（Aristoteles，384-322）は，諸学を体系化していった人物だが，生物についても実証的な観察を行い，実際に50種ほどの解剖を行ったと考えられている。クジラが胎生であることやサメに胎盤構造がみられること。トリの翼とヒトの手に相同性があることも知っていた。そして，当時までの生物に関する知識を整理して体系化を試み，『動物誌』，『動物部分論』，『動物発生論』などの著作を残している。『動物誌』では，約540種の動物が記載され，その中には約120種の魚類，約160種の昆虫が含まれている。これらは自らの観察に加えて，漁師や採集人等から聴取してまとめられた。

この『動物誌』が生物種の記載を中心にしているのに対して『動物発生論』には生物の発生について述べている。雄の精液と雌の月経血の混合から始まり，それが子宮で固められて誕生すると考えた。また，生物の発生初期には重要な器官である心臓が形成され，続いて上半身，体内，下半身，体の外部の順につくられとしていた。動物の分類と生殖法をまとめると以下のようである（図Ⅰ－1）。

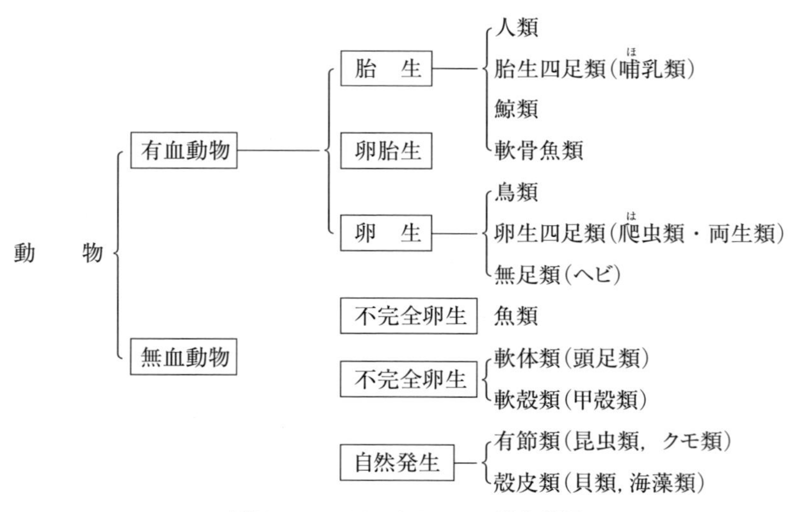

図Ⅰ－1　アリストテレスの動物分類

また，アリストテレスは生物間の系列についても考え，『動物誌』には，「自然界は無生物から動物にいたるまでわずかずつ移り変わって行く。無生物の類の次にはまず植物の類が続」く。「植物の類全体としては他の物体に対してほとんど生物のようであり，動物の類に対しては無生物のようにみえるのである」「植物から動物への移り変わりは連続的である」。もっとも，こうした記述は進化の考えの芽生えというよりも，アリストテレスのすべての物事には，なんらかの目的があり，その目的の実現に向かって動いているとみる目的論的解釈や生物界の静的な秩序づけ

(自然の階段)と捉えた方が妥当であろう。

このアリストテレスの物質観もみておこう。彼は，エンペドクレス(Empedokles, B.C.493-433頃)と同様火，空気，水，土の4つの原質を考えた。これらは質料(ヒューレ：形がない原材料)に形相(エイドス：質料に特定の形をあたえる)が加えられたもので，いわゆる元素とは異なるものである。乾き(乾)に温かさ(温)が加わると火になる。温と湿り気(湿)で空気に，湿と冷たさ(冷)で水に，冷と乾で土になるという考えである。この考え方は物質が変換するという可能性を認めるものであった。

この四原質の考えは，「医学の父」，「医聖」とよばれるヒポクラテス(Hippokrates, B.C.460-377)の「四体液説」とも関係する。彼は，「人間の自然性について」と題する論考の中で「人間の身体はその中に血液，粘液，黄および黒の胆汁をもっている。……いちばん健康を得るのは，これらの相互の割合と性能と量が調和を得，混合が十分のときである」としている。すなわち，人間には4種類の体液が流れており，それらがバランスよく機能を果たしているときが健康というわけである。血液は空気，粘液は水，黄胆汁は火，黒胆汁は土を多く含むとしていた。

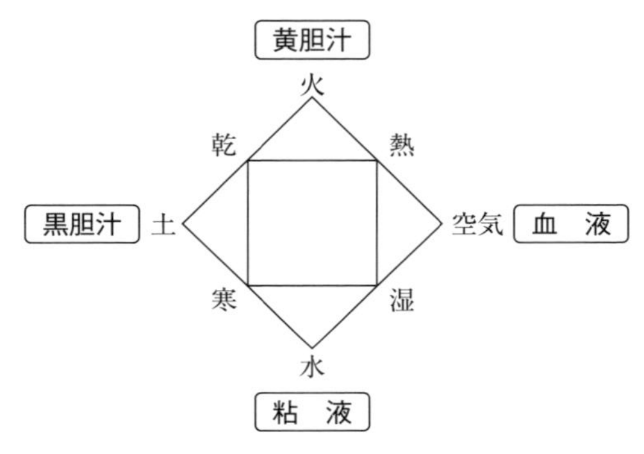

図Ⅰ－2　四原質と四体液の関係

(3)　動物学・植物学から生物学へ

生物学(Biology：英，Biologie：独，仏)は，ラテン語のbio(生命)とlogos(学問)を合わせた語である。19世紀初頭にフランスの博物学者ラマルク(Jean-Baptiste de Lamarck, 1744-1829)やドイツのオーケン(Lorenz Oken, 1779-1851)らによってつくられた。それ以前は，動物に関する学問として「動物学(zoology：英)」と植物に関する学問の「植物学(botany：英)」として生き物が時代状況に応じて分類され記述され，また，動物園や植物園が設けられてきた。

博物誌

古代ローマ時代の博物学者で政治家のプリニウス(Gaius Plinius Secundus, 22/23-79)の『博物誌(Naturalis Historia)』(全37巻)は，既存の知識を集大成した百科事典的な著作である。天文学，地理学，人類学，動物学，植物学，鉱物学，薬学，医学，化学技術，農耕技術など2万項目を超える記載がみられる。ギリシャ人326人，ローマ人146人の著作約2000巻から引用されている。生物に関係した記述は，全37巻の内，第8巻から10巻に動物が，第11巻に昆虫が，第12巻から19巻に植物が，第20巻から27巻までが薬草，第28巻から32巻が動物性の薬物としてまとめられた。もっとも，実在の生物ばかりでなく，スフィンクス，ペガサス，ユニコーンなど空想上の生き物も含まれている。

プリニウスは，古代ローマ帝国(紀元前27年から最終的には1453年まで)の海外領土を監督する立場にあり，南イタリアに滞在している時にヴェスビオ火山の噴火に遭遇している。こうした各地を遠征し特有な生物に出会う機会は，旅行記などとあいまって生物の認識を深めることにつながったものである。たとえば，ドイツの博物学者・探検家のフンボルト(Alexander von Humboldt, 1769-1859)が1805年に著した『植物地理学』は，生物学の形成や19世紀後半に輪郭を現してきた生態学の誕生にも影響を与えた。

本草学

東洋における生物の記載は，紀元前3〜4世紀頃まとめられた『山海経』が最初期のもので，この中に動物約270種，植物約160種がみられる。中国では，生活に必要な天然物，なかでも薬用や食用となる生物の知識である「本草学」として育まれた。

日本における本草学は，中国の本草書の伝来から始まった。701年に成立，施行された「大宝律令」では，医療制度として宮廷用の薬を調合する「中務省(なかつかさしょう)」の「内薬司(うちのくすりのつかさ)」と医療行政を行い各官庁が利用する薬を扱った宮内省の「典薬寮(くすりのつかさ)」が設けられた。日本でまとめられた本草書は，醍醐(在位，897-930)・朱雀(在位，930-946)両天皇の侍医であった深根輔仁(ふかね·すけひと)が，唐代以前の中国の本草書を基に約1,000種類の天然物(主として植物)を編集して著した『本草和名』(918年頃)が具体的な出発点である。薬効がある生物の中国名と和名を対応させた漢和対訳書で，日本で得られるものにはその産地が記されている。約1,000種が扱われ，550種に和名がつけられた。約200種の草と70種の木に和名があり，双子葉植物についての理解が進んでいたことを窺わせるものである。また，動物では，哺乳類で47種，鳥類で25種がみられるが，これらは動物本体の名称ではなく薬物として利用できる体の部分の名が大半であった。

日本における本草学の本格的な開始は，江戸期に入ってからである。その契機は，中国において本草学者，李時珍(1518-1593)が著した中国最高の本草書と評される『本草綱目』(全52巻，1596)の輸入であった。1607年，幕府の朱子学者，林羅山(1583-1657)が長崎で中国書の入手を行っていた際，偶然同書が含まれていたという。

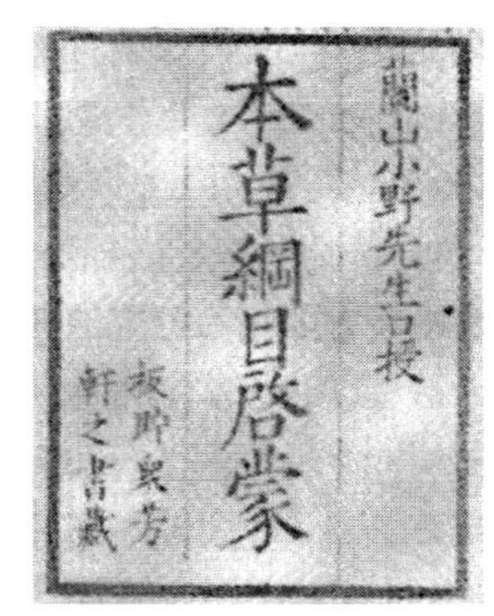

図Ｉ－３ 「本草綱目啓蒙」

従来の本草書では，たとえば風邪に効く薬であれば，その素材が植物であれ，動物であれ，鉱物であれ同じグループにまとめられたように，対象となる疾病ごとに分けていた。それが，『本草綱目』では，原材料ごとに分類されている。また，薬物に利用できる天然物の産地や形態的な特徴も述べられている。このことから天然物自体の理解をも促し，医薬品として直接利用できない動植物への関心も高めた。水，火，土，金石，草，穀，菜，果，木，服器，虫，鱗，介，禽，獣，人の16部に分けている。それまでは，玉石とされていたものを水，火，土，金石に分けた。さらに植物は小さなものから大きなものへと配列し，草木からなる服器をその最後に置いた。動物の虫部には卵生類(大半の昆虫)，化生類(卵生類以外の昆虫)，湿生類(ミミズ，ムカデ，ナメクジなど)が，鱗部には龍，蛇，魚，無鱗魚が含まれている。約1,900種が記載されていた。

また，福岡藩に属し，医学を学んだ朱子学者，貝原益軒(1630-1714)は『大和本草』(16巻，附録2巻，諸品図2巻，1709)を著わした。同書は『本草綱目』の分類法に捉われることなく天然物，約1,300種を分類・記載した。このうち約350種は，わが国特有のものであった。植物を穀，造醸，菜蔬，薬，民用草，花草，園草など21類に，動物を河魚，海魚，水虫，陸虫，介，水鳥，山鳥，小鳥，家禽，雑禽，異邦禽，獣，人の13類に分けている。益軒には後継者がいなかったので，彼のこうした分類は続かなかった。しかし，伝統にとらわれず，実証経験から自身の生物への見解を示したもので，わが国における本草学の自立の事例と理解されている。ただし，魚部にはクラゲ，サンショウウオ，タコ，イカ，イルカ，クジラなどを含めていた。

同じ頃，わが国の「本草学の祖」といわれる加賀藩医，稲若水(とう・じゃくすい，1655-1715)が藩主，前田綱起(まえだ・つなのり，1643-1724)の命により，約170種の中国文献を詳細に調べ『庶物類纂』の編集にとりかかった。若水は362巻までまとめたところで，本草学を研究していた京都で世を去った。この段階で約1,200種が記載されていた。さらに，彼の弟子により作業が続けられ，1000巻を超す大著となった。そのこともあって印刷はされていない。

さて，18世紀後半の最大の本草学者が小野蘭山(1729-1810)である。彼は若水の第一の門下，松岡玄達(1668-1746)に学んでいるので若水の孫弟子にあたる。代表的著作に『本草綱目』を註解した全48巻の『本草綱目啓蒙』(1803)がある(図I-3)。わが国の本草学書の中で，最も完備した優れた書と評価されることが多く，4回版を重ねた。最後の版は明治期に入ってから出版された。蘭山は京都に生まれ，そこで本草学の研究に没頭したが，1799年幕府の命に応じて江戸に赴き，幕府医学館において本草学を講議した。また，各地を採集旅行したり，その標本の陳列も行った。図解はされていないものの形態の説明や産地，各地における名称，利用法などを詳細に述べていた。オランダ商館の医師として来日し，外科手術を含めた西洋医学を伝えた一人であるシーボルト(Philipp Franz von Siebold, 1796-1866)は蘭山を「日本のリンネ」とよんだという。

動物園・植物園の誕生

ルネサンス期には，イタリア・フィレンツェの巨商メディチ(Medici)家は，動物の収集につとめるとともにほとんど植物園といってよい庭をつくり出した。この頃から，メディチ家の援助により大学に植物園が設けられた。パドヴァ大学には1540年，ピサ大学には1547年に設立されている。このことから，メディチ家がパトロンであった天文学者ガリレオ(Galileo Galilei, 1564-1642，ピサ大学，1581年入学)や血液循環論で知られるイギリスのハーヴィ(William Harvey, 1578-1657，パドヴァ大学，1600年留学)は植物園をもつキャンパスで学んでいたことになる。

メディチ家に次いで，ブルボン家，ハプスブルグ家でも宮殿に動物園をもち，前者はヴェルサイユ動物園，後者はシェーンブルグ動物園へとつながった。そして，近代動物園，すなわち，収集，飼育，展示，公開，調査研究，娯楽性が揃った施設の誕生を迎える。

ヨーロッパ最古の植物園が16世紀半ばのパドヴァ大学の付属植物園であるとすれば，それに相当する動物園は1752年頃設けられ，1765年に一般公開されたウィーンのシェーンブルン動物園である。今日でも約800種の動物とともに「世界最古の動物園」の看板を掲げ現存している。

さて，収集，飼育，展示，公開，調査研究，娯楽等の今日的な条件を整えた動物園といえばパリの国立自然史博物館やロンドンの動物園が挙げられる。フランス革命期，旧体制(王制)の財産処理が議論の遡上にのぼる。そして，「王室の庭」とよばれていた2,500種ほどの植物を保有する植物園も存在が問題となる。

ここに当初植物のさく葉(押し葉)室(1788年から主任)，後に昆虫・蠕虫学の研究室に勤務していたラマルク(Jean Baptiste pierre Antoine de Monet de Lamarck, 1744-1829)やキュビエ(Geroges Leopold Chretien Cuvier, 1769-1832)もいた。結局，彼等の発案から「王立植物園(Jardin des Plantes)」として存続し，のちに「国立自然史博物館」さらに「パリ植物園」と改称された。なお，この王立植物園内に設けられ，1793年に一般公開され見せ物動物園，動物飼育場，動物展示場，移動動物園等と訳される「メナジェリー(Menagerie)」が近代動物園の発端という考えもある。

そして，これをしのぐ民間の施設を企てたのが東インド会社に勤務し，シンガポールを創設した人物で，動植物の探索にも興味があったイギリスのラッフルズ(Sranford Raffles, 1781-1826)である。そしてそれを支持したのが王立協会(Royal Society of London)会長(1820-1827)を勤めた化学者デーヴィ(Humphry Davy, 1778-1829)であった。1828年4月にロンドン・リージェント公園内に開園し，動物園(Zoo)の語の発祥地「ロンドン動物園」である(図Ⅰ－4)。

図Ⅰ－4　設立当初のロンドン動物園の入場券

今日的な動物園の起源と考えられているウィーンのシェーンブルグ宮殿，パリのメナジェリー，ロンドンの動物園などが設立されはじめた18世紀後半から19世紀半ば頃は，「生物学」なる言葉が世に現れた前後でもあった。

さて，動物学と植物学という2分法を脱却したところに，「生物学」の語の意義がある。それは，動物，植物の違いに注意を払うよりも，共通性にまなざしをむけることである。例えば，すべての生物は自身で体を守る「自己保存」や子孫を残す「種族維持」がある。こうした特徴に注意を払うのである。

I－2　生命科学の誕生

（1）　顕微鏡の発明と拡がり

顕微鏡の発明

近代科学の進展は，新たな概念や思想の誕生とともに観察・実験手段の改良・向上に支えられた。生命に関しては，図I－5に示すように顕微鏡が改良されながら微小世界や生命単位の追求が行われた。

ところで，レンズや眼鏡は13世紀末頃から製作が始まったといわれている。そして，1550年には近視の矯正に眼鏡が使われ，17世紀に入ってオランダの眼鏡師リッペルスハイム(Hans Lippersheim ? -1619)が初めて望遠鏡をつくったとされる。自ら凸レンズと凹レンズを組み合わせ，天体観測に利用したのがイタリアのガリレオであった。1610年に出版した『星界の報告(Sidereus Nuncius)』には，月面が地球の表面と同様に起伏に富んでいることや木星に衛星があることなどの望遠鏡観察の結果がまとめられている。彼の望遠鏡は，当初3倍，後に30倍ほどであったといわれる。

顕微鏡は望遠鏡に比べて製作の経緯に不明な点が多いが，1590年頃，ガラスの優れた製法をもち，熟練した研磨師が活躍したオランダ・ミッテルブルグの眼鏡職人ヤンセン親子(Zacharias Janssen とHams Janssen)が作製したとしばしばいわれる。1620年代に「顕微鏡(micoroscope)」に相当する語がみられるようになり，望遠鏡同様17世紀には普及・利用されるようになった。

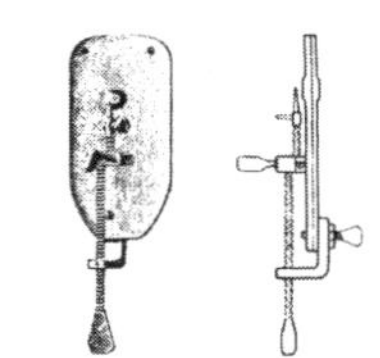
ウェンフックの単式顕微鏡

フックの複式顕微鏡

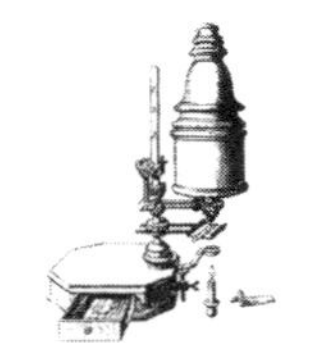
マーシャルの顕微鏡

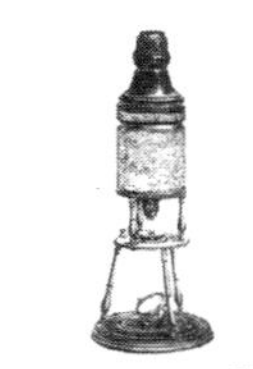
カルペッパーの顕微鏡

図I－5　顕微鏡の発達

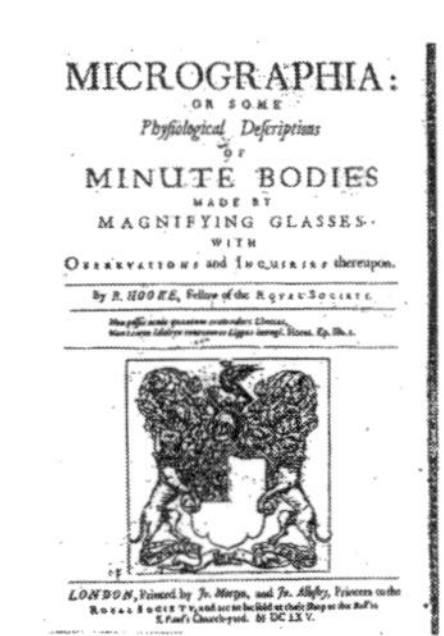
MICROGRAPHIA:
OR SOME
Physiological Descriptions
OF
MINUTE BODIES
MADE BY
MAGNIFYING GLASSES.
WITH
OBSERVATIONS and INQUIRIES thereupon.

By R. HOOKE, Fellow of the ROYAL SOCIETY.

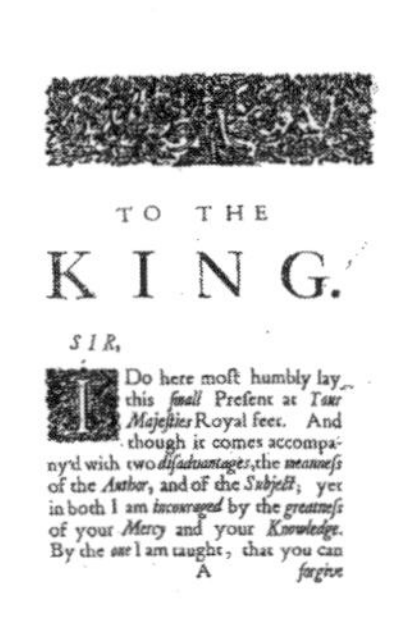
TO THE
KING.

SIR,

I Do here most humbly lay this *small* Present at *Your Majesties* Royal feet. And though it comes accompany'd with two *disadvantages*, the *meanness* of the *Author*, and of the *Subject*; yet in both I am *incouraged* by the *greatness* of your *Mercy* and your *Knowledge*. By the *one* I am taught, that you can
A　*forgive*

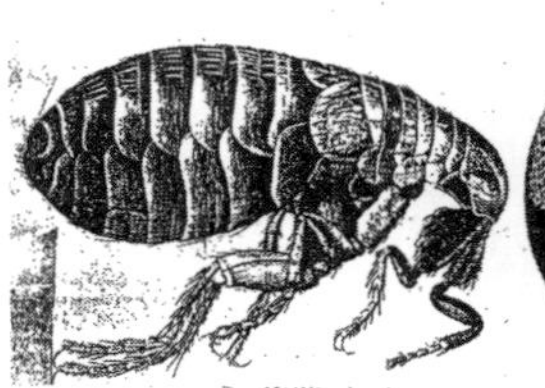

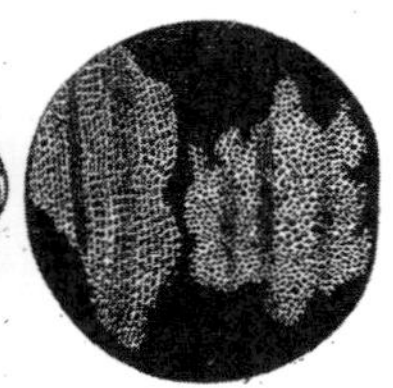

図I－6　顕微鏡図譜

イギリスの物理学者フック(Robert Hooke, 1635 - 1703)は，自然物を顕微鏡で観察し，その結果をまとめ『顕微鏡図譜(Micrographia)』を著した。ノミの詳細な外部形態や雪の結晶も描かれている。その中で薄く切ったコルク片も観察した。そして，その一区画に「細胞(cell)」と名付けた(図I－6)。ただし，ただちにこれが生物の体を構成する基本単位であるとは認識しなかったのである。彼以降も顕微鏡を使って，生物の小区画を観察された。たとえば，イギリスのグルー(Nehemiah Grew, 1641 - 1712)はフックよりもより広範に植物の顕微鏡観察を行った。もっとも，グルーは細胞という用語は使わず，「小胞(bubbles)」とよんでいた。その他にも，「小室(utriculi)」や「小袋(sacculus)」など生物の顕微鏡観察による小区画の名は考案されていた。

19世紀に入ると顕微鏡の性能の向上に伴って生物の基本構造の観察は大いに進展した。ドイツのモール(Hugo von Mohl, 1805 - 1872)は，植物の構造単位が細胞であることを認めた。また，イギリスのブラウン(Robert Brown, 1773 - 1858)は1831年，植物細胞に「核」を見出した。しかし，その生物にとっての意義までは理解していなかったようである。また，1835年にはチェコのプラハ大学教授であったプルキンエ(Jan Evangelista Purkinje, 1787 - 1869)はニワトリ胚を観察し，植物と同様に胚には細胞が密に詰まっていることを指摘した。

細胞説の誕生

こうした背景の下に1838年ドイツのシュライデン(Matthias Jacob Schleiden, 1804 - 1881)は「植物発生論」と題する論文で「いくらかでも高い水準に発達した植物は，完全に個体性をもって独立した個別的存在であるところの細胞の集合体である」と述べた。このように植物の基本単位が細胞であることを明確にしたが，さらに動物でもこの考えが成り立つことを示すとともにシュライデンよりも広汎に細胞に関する見解を展開したのが，同じドイツのシュヴァン(Theodor Schwann, 1810 - 1882)であった。そして，彼は1839年『動物および植物の構造の一致に関する顕微鏡的研究』を著した。本書の第1部で「動物界と植物界を隔てていた主な障壁-すなわち構造の不一致-は，これによって崩れ落ちた」と述べている。シュライデン，シュヴァンらによって生物の基本単位に細胞が位置付けられるようになったのである。そのため，彼らは「細胞説」の確立者とよばれる。

この細胞説は，医学の分野にも大きな影響を与えた。シュヴァンと同様生理学者ミュラーの下に学んだドイツのウィルヒョウ(Rudolf Virchow, 1821 - 1902)は，細胞説を病理学に採り入れ病的現象も細胞の変調に起因すると考えた。彼の見解は1858年に出版された『細胞病理学』にまとめられている。こうして生物は構造上も機能上も細胞から成り立っていることが明らかになったのである。

(2) 生物進化論の成立と展開

生物個体内でみられる進化の仕組みから地球上で起こってきたと考えれる生物進化に目を向けてみよう。存在する多様な生物に類縁関係がみられるという考え自体は古代ギリシャ時代から存在していたが，体系化されるのは19世紀に入ってからであった。フランス啓蒙思想の影響を受けた王立植物園のラマルクやキュビエ(Geroges Leopold Chrestien Cuvier, 1769 - 1832)らである。キュビエの進化に対する考えは，「天変地異説」とよばれ，天変地異が起こり，それまで生存していた生物が死滅し，新たなものがそれらに代わるという考えであった。ラマルクの進化思想でよく知られるものは「用不用説」と「獲得形質の遺伝」である。前者は縮めて「よく使われる器官は発達し，使われない器官はやがて退化，消失する」(『動物哲学』1809)の形で言及される。後者は「個体の一生の間に獲得されたものは，生殖によって保存され，その個体の子孫に伝えられる」(『無脊椎動物誌』1815 - 1822)というものである。さらに，ラマルクは，生物の能動的，主体的な働きで進化が生じたと結論づけた。しかし，彼の進化論が継承され続けたわけではなかった。

19世紀中葉のイギリスは，産業革命が進行し，自由競争の雰囲気につつまれチャンスを生かせば莫大な富みが得られる状況にあった。このような時代背景の下で進化論が誕生した。

ダーウィン(Charles Darwin, 1809 - 1882)は，1825年にエジンバラ大学医学部に入学したが，医学が自分に向かないことを自覚し中退，ケンブリッジ大学へ転学し神学を学んだ。1831年大学を卒業し，機会あってイギリス海軍の測量船ビーグル号に乗り組んだ。5年間にわたり南米，オーストラリア，南大平洋を航海した。この航海は彼のその後の方向を決めたと語っている(図Ⅰ－7)。立ち寄ったガラパゴス諸島で目にした生物の生態や地理的分布，個体の変異の観察が進化論形成の土壌となった。1859年，生物学史上不朽の著作『種の起源(On the origin of species by means of natural selection by means of natural selection, or the preservation of favoured races in the struggle of life)』が出版された(図Ⅰ－8)。自然界では「生存競争」が一種の選択作用として起こる。これが，自然選択で，その際環境に適応したものに生存の機会が保証される(適者生存)。このような自然選択が何代にもわたって続けば新種が形成されるというものであった。自然選択説は，ダーウィンばかりでなく，東南アジアで生物を研究していたイギリスのウォーレス(Alfred Russel Wallece, 1823 - 1913)も考えていた。

図Ⅰ－7　ダーウィン生誕200年記念コイン

人間の起源に関して，ダーウィン説を擁護しながら，彼よりも正面から取り組んだのが，イギリスの博物学者ハックスリー(Thomas Henry Huxley, 1825-1895)である。1860年，約700人の聴衆の前でウィルバーホース主教(Bishop S. Wilberforce, 1805-1873)と論争した。聴衆の反応は明らかにハックスリーに組みしていた。こうして彼は時の人となり，論陣の先頭に立ったといわれてきた。ハックスリーは人間の由来について『自然における人間の位置(Man's place in nature)』の中で「一つの場合は，人らしい猿から徐々に変化して生じるというものであり，他の場合は猿と共通な原始的な系統から分枝として生じる」(1863)と述べている。彼のあだ名は「ダーウィンのブルドック」であった。

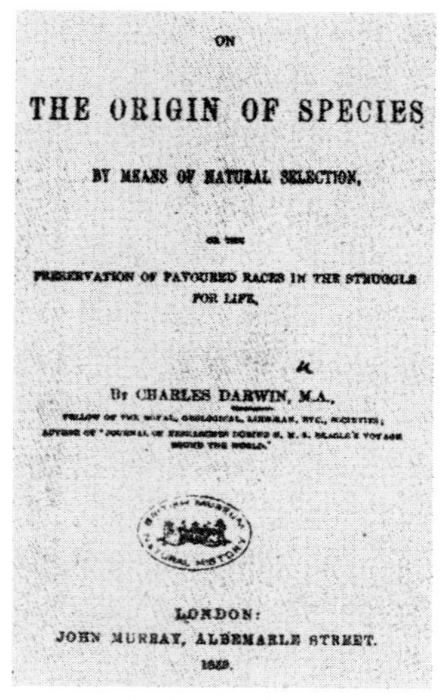
ON

THE ORIGIN OF SPECIES

BY MEANS OF NATURAL SELECTION,

OR THE

PRESERVATION OF FAVOURED RACES IN THE STRUGGLE FOR LIFE.

By CHARLES DARWIN, M.A.,

LONDON:
JOHN MURRAY, ALBEMARLE STREET.
1859.

図Ⅰ－８　「種の起源」の出版

（３）　異能の日本人生物学者

日本における西欧近代生物学は，実質的に1877年に設立された東京大学理学部生物学科に始まる。ここには，動物学と植物学の講座が設けられた。そして，ここを拠点に西欧の近代生物学を導入・受容し，咀嚼して自ら研究を推進する体制が構築されていった。江戸期までの生物に対する知識が背景として存在するものの，実質的には新しい知識を取り入れていくことであった。動物学では，腕足類(二枚の殻をもつ軟体動物)の研究のため来日していたアメリカのモース(Edward Sylvester Morse, 1838-1925)を初代教授として招聘した。植物学はすでにアメリカで植物学を学んでいた矢田部良吉(1851-1899)が担当した。

モースは，アメリカ東部メイン州のポートランドに生まれた。少年時代から貝類の収集家として知られていた。そして，スイス出身のハーバード大学教授でアメリカ生物学界の大御所アガシー(Jean Louis Rodolphe Agassiz, 1807-1873)と知遇を得て，一時製図工として勤めていた鉄道会社を辞職し，ハーバード大学ローレンス科学校に入学した。

貝類の標本の管理をめぐってアガシーと不仲になり，彼の下を去ったが研究は続け，1871年にはボードウィン大学動物学教授に就任した。74年にこの職を辞し1877年6月来日した。彼の研究材料が日本には豊富にあるということを聞いていたため，それを使って研究を行なうことが目的であった。アメリカから横浜港へ到着。開通してほどない鉄道を使い横浜から東京へ向かう途中，大森付近で線路脇に貝殻層が露呈しているのを車窓から見つけた。

東京に到着した後，早速学生たちと共にこの場所を調査した。これが「大森貝塚」の発見である。貝の種類はもちろん，石器や土器，角器，装身具などを詳細に観察し，1879年「大森貝塚(Shell mounds of Omori)」と題して，東京大学理学部の機関誌に発表した。日本の考古学や人類学の創始となる研究になった。モースが貝類の専門家であったことが，この発見に幸いしたのであった。東京大学では，動物の形態や分類についての初歩的な講議を行なった。さらに学内外で進化論についての講演を行なった。日本におけるダーウィンの進化論は，実質的にモースによって紹介されたのである。

一方，植物学はお雇い外国人科学教師から学ぶという体制ではなかった。生物学科を設立する際に，すでにアメリカの大学で植物学を専攻していた人物がいたことや，植物分類学では幕末からリンネ式の分類法は知られていた。そのため，まったく新たらしく知識を初歩から導入するという形ではなかったからである。

徳川幕府の薬草園が明治に入ってからは東京大学付属の植物園となった。そこに本草学の伝統を引く伊藤圭介(1803-1901)が員外教授として就任した。伊藤は名古屋に生まれ，医学を学んだ後，京都で本草学者と親交を結ぶとともに洋学を学んだ。1827年には滞日中のシーボルトの下へ赴き師事した。ツンベルクの『日本植物誌』を基に，『泰西本草名疏』(全2巻，1829)を著わしている。この付録でリンネ式植物分類法を紹介した。また，「種」を基に生物の分類を行なうことを述べている。1861年に幕府の藩書調所出仕となった。植物分類学が専門である。1888年に物理学者，山川健次郎(1854-1931)らとともに日本初の理学博士の学位を得ている。

矢田部良吉(1851-1899)は，伊豆・韮山(現在，静岡県)に生まれた。英語に通じ1869年開成学校(東京大学の前身)教授試補となった。翌年，アメリカのコーネル大学に留学。植物学者グレー(Asa Gray, 1810-1888)の下に植物学を学び1876年に卒業した。したがって，矢田部は日本で初の近代生物学を身に付けた人物ということになる。そのため，「植物学の開祖」ともよばれる。なぜ，矢田部が植物学を学んだかついては不明である。東京大学の設立を検討している時に，このような人物がすでにいたことを政府関係者が知り驚いたという証言がある一方，留学段階から植物学を講じることを要請されていたという考えもある。植物分類学を専攻し『日本植物図解』(1891-1893)，『日本植物編』(1900)などの著作がある。

こうして日本における生物学の研究・教育制度が確立していったのだが，大学を卒業して，欧米の大学に留学し，最新の科学的知識や研究手法，人脈などを拡げ，帰国後，教壇に立つというパターンとは異なるユニークな人物もみられるようになる。その代表格は，南方熊楠，平瀬作五郎，高峰譲吉，牧野富太郎らである。それぞれをみていこう。

南方熊楠

知の巨人と称される学者，南方熊楠(1867-1941)は，江戸末期から明治，大正，昭和を駆抜けた自然科学者(博物学者)であった。南方熊楠は名字(姓)でよばれるよりも，名前でよぶことの方が多い人物である。本書でも熊楠とよぶことにする。熊楠は1867年5月18日，紀州藩の城下町，和歌山で金物商の(父)弥兵衛と(母)すみの次男として生まれた。熊楠の兄弟はみな実家にほど近い，藤白神社にあやかり，(藤，楠，熊)の3字から1字を名前にもらう習わしがあった。生まれつき体が弱かった熊楠は，熊と楠の2文字をもらったという。藤白神社は熊野古道の5体王子の一つで格式が高かったという。実家は裕福であったことが彼の自由闊達な幼少期を過ごすことに大きく寄与した。後に熊楠が明治時代初期にアメリカから南米そして英国への私費留学を許されたのも父，弥兵衛の援助があってのことであった。彼の天才ぶりは10歳の時に開花する。熊楠は当時の百科事典である「和漢三才図会」(わかんさんさいずえ)全105巻を3年かけてすべて写本した。近所の産婦人科医の家(佐竹邸)に行き，毎日3頁読み，家に戻って思い出して書き写すという脅威の記憶力で文章だけでなく，図解の絵までそっくり書き写した。熊楠が写本した全105巻の「和漢三才図会」は南方熊楠記念館に保存されている。

図Ｉ－９　熊楠が写本した「和漢三才図会」

図Ｉ－10　アメリカ，イギリス留学中の熊楠

和歌山の中学を卒業した熊楠は，東京神田の共立学校(現，開成高校)をへて東大予備門に入学する。同級生には正岡子規(正岡常規)や夏目漱石(塩原金之助)などがいた。しかし，熊楠は結局東大予備門を退学してしまう。熊楠は数学が苦手で代数の期末試験で落第点をとったという。退学した熊楠は，一度和歌山の実家へ帰るが父弥兵衛を説得して19歳の時，アメリカへ留学する。ミシガン州立農学校へ入学するがすぐ退学してしまう。その後，サーカスの一団に加わりアメリカから南米にかけてサーカス団とともに移動しながら菌類，地衣類，藻類などをミシガンからフロリダを旅して採集しながらニューヨークに至り，1892年，5年間過ごしたアメリカを離れてイギリスへ向かった。

「ネイチャー(Nature)」誌への投稿論文と大英博物館

イギリスに渡ってから一年がすぎた頃，科学雑誌の「ネイチャー」誌に読者間の意見交換の欄に「西洋人の星座の体系は古代バビロニア天文学に由来するのに対して東洋など他の国では星座の概念など存在するか？」という問題提起の投書をみつけた熊楠は，彼の知り得る中国とインドに関する星座の知識をまとめ，1893年10月5日号に「東洋の星座(The constellations of the far east)」という熊楠の論文が掲載された。彼の星座についての知識の源は10歳の時に写本した，「和漢三才図会」に書かれていた中国の星座の読み方を引用して書かれたという。これが熊楠の最初の論文となった。以後，熊楠は英国から帰国してからも様々な論文を書き続け，生涯，計51本の論文が「ネイチャー」誌に掲載された。この「ネイチャー」誌における51本という論文数は，単独の研究者が書いた論文数として世界1位の記録であり，現在まで熊楠を超える数の論文が「ネイチャー」誌に掲載された研究者はいない。

図Ｉ－11　「ネイチャー」誌に掲載された熊楠の論文「東洋の星座」

おそらく今後もこの記録を破る者は現れないであろう。

「ネイチャー」誌に論文が掲載されたことで，彼の希望であった大英博物館の図書室に出入りする許可を得ることになった。大英博物館は，彼の探究心を満たす資料が世界中から集められており，熊楠の知識と理解力をかわれて，日本を含めた東洋の資料に関する整理と目録作りをまかされることになる。熊楠はその仕事と引き換えに，嘱託ではあるものの自由に大英博物館の資料を見る機会を得たのである。

熊楠は大英博物館の図書室の蔵書を「ロンドン抜書」として書き写している。10歳のころから毎日3頁ずつ記憶して帰り，自宅で思い出して書き写すという写本の技術を再び活用することで，貴重な資料や書物の内容を自由に得ることができた。熊楠の抜き書き帳は，5年間で52冊にもなったという。このころ，ロンドンに亡命中の孫文と出会い，意気投合する。孫文との親交は日本に帰国してからも続くことになった。また，イギリス滞在中に英国の自然保護運動を知った。このことは熊楠が日本に帰国してから，鎮守の森を守る自然保護運動や，神社合祀反対運動にみられる社会運動に積極的に活動するきっかけとなり，イギリスでの体験が少なからず影響したと考えられる。熊楠は大英博物館の職員との複数回のトラブルから暴力事件を起こしてしまい，結局，大英博物館の職（嘱託職員）を失うことになった。これを期に，8年に及ぶ熊楠のイギリス留学は終止符が打たれることになった。

帰国とエコロジー運動

帰国した熊楠は，和歌山の田辺に居を構え，自然科学者として本格的に研究を始めた。特に粘菌の研究は，日本産の粘菌の半数近い190種類以上の種を整理しており，日本の粘菌研究の先駆けとなった。一方，民俗学においては，柳田国男（1875-1962）と親交が深く，神社合祀反対運動により逮捕されたこともあった熊楠だが，鎮守の森など身近な自然環境の破壊は生態系の破壊に繋がるという先進的考えを民衆に訴えたための逮捕であった。鎮守の森は，それぞれの地方における社会的シンボルであるばかりでなく，人と自然との共生社会というビオトープを形成している。森では鳥をはじめ虫や菌類など様々な生物，微生物により生態系が形成されている。その一方で，人間によって作られた田畑の作物を害虫から守る役割を生態系に属する鳥やその他の昆虫が担っており，森，山，川，沼，池，湖など周りの環境が関連し合い影響することを当時の科学者でも，それほど意識していなかった時代において，熊楠はエコロジー（生態系＝人や生物と自然環境の関わり）をすでに意識していた。熊楠は自然保護運動の演説でおそらく日本人としては初めて，大衆に「エコロジー」ということばを発した人物である。昨今では，ようやく国際的取り組みとして生物多様性条約をはじめとする自然環境保護の重要性を国際社会が認識しだしたが，熊楠が生きた，当時は熊楠自身までもが危険人物と見誤られるほど，環境問題や自然保護に対する社会の認知度は低く，理解できた人もまた少なかった。

熊楠は「エコロギー」と表記しているが，生態系の重要性を理解し訴えた最初の日本人であった。生態系とは個別の生物や野，里，山，川，海だけの問題ではなく，様々な動物，植物，微生物，菌類から自然環境すべてが全体として一つの生態系というバランスを構築しており，この「バランスを一度破壊してしまうと，もとに戻すことは容易なことではない。」ということを訴えた。特に神島（かしま）（和歌山県）の自然は貴重な生物が多く，熊楠の意見に同調した柳田国男は民俗学者としても知られるが，当時農政と内閣府の官僚であったが，熊楠の提案の重要性を理解し，神島の森を保護するために，「神島」は1930年に県の天然記念物となった。現在では都道府県が管理する国定公園と国が管理する国立公園がある。その後，神島は1936年，国の名勝天然記念物となった。

図Ⅰ－12　熊楠の提案により天然記念物として守られた「神島」

博物学者として

南方熊楠は，粘菌研究で紹介されることが多いが，その他，民俗学，宗教学，生態学，天文学など幅広い教養と見識を備えていた偉人である。特に幼い頃から採集していた，鉱物，ウニ殻やカニの甲羅，ヒトデや貝殻などの動物から，コケ植物，種子植物，藻類，菌類，粘菌まで森羅万象自然界に存在するものを研究対象とする学問分野を博物学，もしくは本草学という。博物学者たる熊楠は，この博物学を究めるように，博物学の基本である採集と分類による整理から自然を学ぼうとした。帰国した熊楠は，アメリカで知った粘菌に興味をもち，生涯粘菌研究は続いた。自宅の庭の柿の木に発見した新種の粘菌は，その後，粘菌の専門家に標本を送り新種であることが判明した。その粘菌は新属新種としてイギリスの粘菌学者，グリエルマ・リスター(1860-1949)によって「*Minakatella longifila*」ミナカテラ　ロンギフィラと命名された。熊楠は単なる収集家ではなく，学問的に海外の研究者と情報交換を行い新種の粘菌を発見している。大学の研究室にも，研究機関にも所属することなく，独学で研究を続けた熊楠は文字通り，在野の博物学者であったが，当時の大学教授以上の学識と業績があったことはいうまでもない。

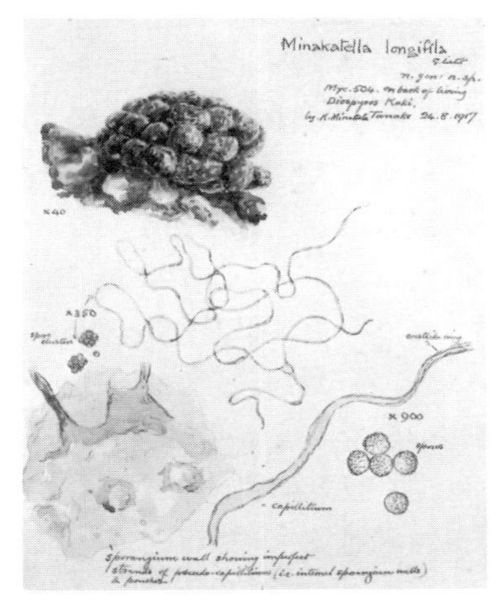

図Ｉ－13　熊楠が発見した新種の粘菌「ミナカテラ　ロンギフィラ」

図Ｉ－14　晩年の熊楠

そんな熊楠が一生をかけて研究し続けた粘菌とはどんな生物であるか，に少し触れておこう。

熊楠を魅了した粘菌(真正粘菌；近年は変形菌とよばれる)とは，餌があるときは動物細胞のようなアメーバとして移動するが，餌がなくなり環境が悪くなると植物のように胞子を作って環境がよくなるまで休眠する，2面性をもった不思議な生物である。熊楠も粘菌が動物なのか，植物なのか，菌類なのか？どれにも似ているが，どれとも異なるこの不思議な生き物に魅せられた。粘菌に関する詳細は，Ⅱ.現代の生命科学の粘菌を参照。

図Ｉ－15　オートミールを食べる粘菌アメーバ

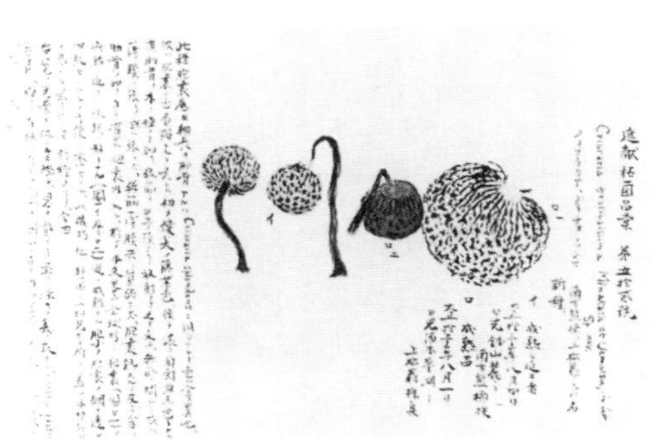
図Ｉ－16　昭和天皇に献上した粘菌のスケッチ

熊楠のエピソードに戻ると，熊楠は昭和天皇が皇太子の時，粘菌(変形菌)の標本を献上している。当時，粘菌研究の専門家は日本国内には熊楠を含め数名しかおらず，皇太子であった昭和天皇は熊楠に会ってみたいと思われていたという。東宮御所には生物学御研究所が建てられ，服部広太郎の協力のもと粘菌の採集などが始められていた。そこで，粘菌に詳しい熊楠に白羽の矢が立ち，粘菌標本の献上の要請があった。熊楠はその要請に従い100種近い粘菌標本を献上したという。現在その標本も含め，国立科学博物館に粘菌のコレクションが保管されている。熊楠は昭和天皇が神島の森を視察された際に，粘菌や菌類など神島の自然環境についてご説明をした。熊楠はお菓子のキャラメルの空き箱に粘菌標本を詰めて献上した。当時のキャラメルの箱とは現在の小箱が60個程度入る大型の化粧箱で軽くまた，多数の種類の粘菌を種類ごとに分けて献上するのに適していたと考えられる。

熊楠はイチョウの精子発見で知られる平瀬作五郎とも親交があり，特に平瀬作五郎が東大の植物学教室の助手を辞職し，滋賀県の中学の教員に戻ってからも熊楠と共同研究をする計画が熊楠の側から提案されていた。平瀬作五郎が東大の植物教室の助手であったころ，同僚には植物図鑑で有名な牧野富太郎も平瀬と同じ助手であった。牧野は熊楠に対して誤解をしており，「論文も書かずに学者を気取るな」と思っていたようである。しかし，実体は全く牧野の誤認であった。熊楠は当時の日本国内の植物学者が論文を発表する「植物学雑誌」にはほとんど投稿せず，その代わりに，国際的な「Nature誌」をはじめとする海外の学術雑誌に多数の論文を発表していたにも関わらず当時の日本国内の学者からは多くの誤解をされていた。

しかし，熊楠はそのような誤解や誤認にたいしても一切反論することなく，ただただ自らの興味と関心の赴くままに生涯一在野人として貫いた。

それでも，後世に大きな影響とあこがれを抱かせる日本が誇る代表的な自然科学者の一人であることには間違いない。

平瀬作五郎

イチョウ（*Ginkgo biloba*）は，一種のみからなるイチョウ属（Ginkgo）に属し，イチョウ科（Ginkgoaceae），イチョウ目（Ginkgoales），イチョウ綱（Ginkgopsida）の唯一の現生種である。

イチョウは古生代後期のペルム紀に出現し，恐竜の全盛期であった中生代ジュラ紀には全世界的に分布していた。中生代の白亜紀には南半球から絶滅し，新生代第三紀には，北半球の各地で絶滅した。現生種のイチョウは一種のみが中国南部に生き残ったとされている。現在は，中国浙江省の天目山の森林内（標高1,000 m）に野生種の群落が保護されている。

イチョウの命名

イチョウの属名の由来は，イチョウをヨーロッパにはじめて紹介したドイツの博物学者ケンペル（Emgelbert Kaemfer, 1651-1716）の1712年の著書『廻国奇観』（かいこくきかん）をもとに，植物学研究のリンネが命名した。リンネはこの著書をもとに，他の日本の植物の命名も行った。イチョウのGinkgoは，銀杏に由来し，Ginkyoぎんきょうのスペリングの際に，筆記体のgとyの誤解によるものと言われている。和名のイチョウは，葉の形状が鴨（カモ）の脚に似ていることから中国で「鴨脚」（発音；イーチャオ）とよばれることが日本に伝わったと考えられる。ちなみに，イチョウの葉の紅葉は季節の代わり目を知る風物としても知られるが，イチョウの葉の紅葉の仕方は独特である。他の高等植物の葉の紅葉とは異なり，イチョウの葉の先端側(先端の方が広く扇形に広がっている)から黄色く変化し始める。葉の葉柄(イチョウの枝に近い側)は最後まで緑色である。つまり，葉の色の変化は葉の端から葉柄に向かって帯状に広がりながら変化してくる。この色の変化は，植物の葉の表面を緑色の葉緑素が覆っているが，葉の全体にはカロテン(黄色の色素の素)が残り姿を表すと考えられる。筆者(河合)の実験ではこの変化は葉柄から紅葉の変化途中の葉を枝から切り取ると一週間ほどで紅葉により黄色く変化していた領域が再び緑にもどり，逆に葉柄側の緑であった葉の色が黄色に変化する逆転の現象を生じる結果となった。このような変化は他の植物の葉ではおこらず，イチョウの葉の構造が進化的に独特であるからかもしれない。イチョウの葉の色の変化が特徴的であることがこの逆転現象に関与していると思われる。

イチョウは，受精の仕方も独特の仕組みにより行われる。イチョウは雌雄異株であり，雄の木と雌の木が存在する。雌の木は銀杏(ぎんなん)が実ることで見分けがつくが，雄の木を見分けることは難しい。3月の終わりごろから4月にかけて雄の木には雄花が形成される。雄花からは花粉が放出される。風にとばされた花粉は雌の木の雌花の先端から露出する水滴(受粉滴)に捕獲されると受粉滴を介して雌花の中に侵入できる。雌花の先端は珠孔とよばれる穴があり，ここから液体が出入りしている。花粉がこの液体に取り込まれると，花粉は雌花の内部へ入り込み花粉管を形成する。雌花はサクランボの実を逆さにしたような形状で2つ一組で胚珠(雌の生殖細胞を含んでいる)があり，花粉が受粉できた雌花は，銀杏へと成長することになる。しかし，その道のりは長く，受粉は4月頃であるが花粉は雌花の中で花粉管となり，花粉管の内部で精子が2個形成されるのは受粉から5ヶ月ほど過ぎた9月ごろである。花粉管内部で成長した精子は発見当初は精虫とよばれた。実際，イチョウの精子は楕円形の先端から半分ほどに繊毛を多数形成した，まるで動物の虫のごとく動く。イチョウの精子を世界で最初に発見(観察)したのは，帝国大学理科大学(東京大学理学部の前身)の助手であった，平瀬作五郎(1856-1925)である。

図Ⅰ－17　平瀬作五郎

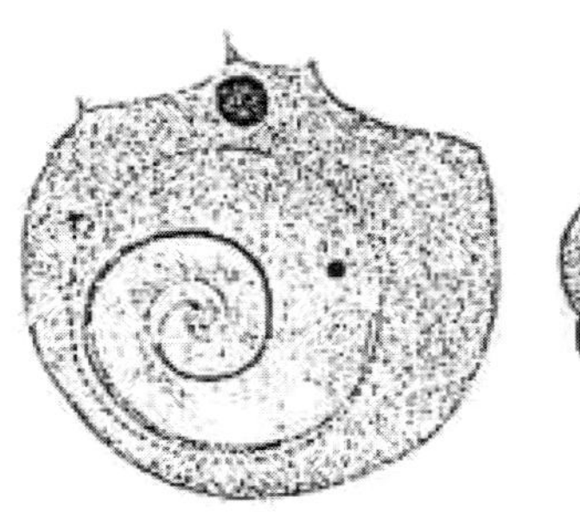

図Ⅰ－18　イチョウの精子のスケッチ

イチョウの受精と精子の発見

そのころ，コケの精子やシダの精子が発見され，生物進化的に考えても裸子植物にも精子がある可能性が考えられていた。しかし，先進国のヨーロッパの研究者はだれも，その発見には至っていなかった。しかし，イチョウの精子発見は単純な観察では発見できない複雑な仕組みがあったのである。

平瀬作五郎は福井県の出身で中学校の美術の教師であった。ところが，当時の文部大臣の視察の際に，彼の技術が目にとまり，帝国大学植物学教室の絵を描く画工として引き抜かれ転職した。その後，植物教室の助手となり，何か研究をしなければということで，当時まだ発見されていなかった，イチョウの精子の発見をテーマに研究を始めた。

平瀬作五郎が発見したイチョウの精子を調べたイチョウの木は今も東京大学小石川植物園で生息しており，樹齢300年といわれている。平瀬はこのイチョウの受精機構を丹念に調べ，ついに精子の観察に成功した。彼の当時のスケッチは現在の顕微鏡で観察したよりも鮮明に描かれていた。イチョウ精子の形成は1本のイチョウの木ではすべてのギンナン(雌花が成長したのも)の内部で一夜のうちに同時に受精してしまうのである。その貴重な一日のチャンスを逃すと翌年まで観察することができない。平瀬は毎日欠かさず，ギンナンの切片を作製して花粉管の内部の精子をついに観察できたのである。イチョウの精子発見は，彼の根気と努力と観察眼の賜物である。

イチョウの精子はオスの木ではなく，メスの木のギンナンの中に入り込んだ花粉管の中で成長し形成される。形成された精子はギンナンの内部のわずかな距離を泳いで卵細胞まで遊泳する。そのために，精子には多数の繊毛が生えている。

受精は動物だけの生殖ではないのである。植物も多くは精子と卵細胞による受精により，有性生殖を行う。コケ植物は2本の鞭毛を持つ精子が卵へと遊泳し到達する。シダ植物も繊毛を多数もつ精子が卵細胞へと遊泳し到達すると受精が生じる。そして，種子植物のイチョウは，胚珠(卵細胞を包み込む生殖器官)が子房(心皮)で包まれていない裸子植物であり，イチョウも精子により受精する。

これに対して，被子植物は胚珠が子房で覆われている。ちなみに，被子植物には胚珠を包む子房が果実の実となる真果(柿など)と花托が果実の実となる偽果(リンゴなど)の2つのタイプがある。

胚珠が子房に包まれた被子植物は花粉により精細胞が運ばれ，雌蕊の柱頭に花粉が付着すると花粉管が伸びて胚珠の中の卵細胞へ花粉管が到達する。これは胚珠中の卵細胞の両側にある，助細胞からルアー(Lure)とよばれる花粉管誘引物質(タンパク質)が分泌され花粉管が引き寄せられることで花粉管は迷わず卵細胞へ精細胞を送り届けることができる。この仕組みを解明したのは名古屋大学の東山哲也(1971-)らである。被子植物の受精のために媒介として水は必要なくなったことで，精子の遊泳による受精から花粉管の伸長により精細胞と卵細胞が接合できる仕組みへと進化した。

裸子植物であるイチョウは，古代植物の生き残りである。古生代から中生代にかけて最も繁栄した植物の仲間でありジュラ紀，白亜紀といった恐竜と同時期に繁栄した。イチョウの葉は，他の植物の葉とは異なり葉の中心部が切れ込みのある奇妙な特徴があり，絶滅したイチョウの仲間の化石からイチョウの仲間の特徴の一つである。

平瀬の発見したイチョウに続いて同じ裸子植物のソテツからも精子が発見された。発見したのは同じ帝国大学農科大学（東京大学農学部の前身）教授の池野成一郎（1866-1945）である。彼は平瀬よりも年下であり，学生のころから平瀬と親しく，平瀬のイチョウの論文のフランス語への翻訳を池野が手伝ったといわれている。池野は学士院賞（恩賜賞）を受賞する話を受けたときも，平瀬のイチョウの精子の発見がなければ自分の発見はなかったと述べている。平瀬と池野はともに受賞することになるが，そこには池野のこのような態度があってこその受賞であった。

高峰譲吉

高峰譲吉（1854 - 1922）は発明家であり，技術者であり科学者である。富山県，高岡に生まれた。彼の父は加賀藩，前田家の医師であったため，その後，石川県の金沢に移住し幼少期を過ごした。工部大学校（現在の東京大学工学部）応用化学科を卒業後，農商務省に入省するが，その後アメリカで活躍する。彼はデンプンを分解する酵素の抽出に成功し，タカジアスターゼという消化薬を発明した。タカジアスターゼは，麦の芽などに含まれる酵素で，デンプンを麦芽糖（マルトース）に分解する働きがあった。デンプンはデキストリンをへて麦芽糖に分解される。しかし，多くの穀物の酵素は，デキストリンから麦芽糖への酵素活性しかなく，高峰が発見した酵素はどちらの酵素活性も併せ持つ酵素であった。この酵素はアメリカで製品化され，パークデイビス社で売り出された。高峰はアメリカにおいても発明家として有名となった。その後，タカジアスターゼの日本における独占販売権を有する「三共」（現，第一三共）の初代社長となった。

図I－19　高峰譲吉

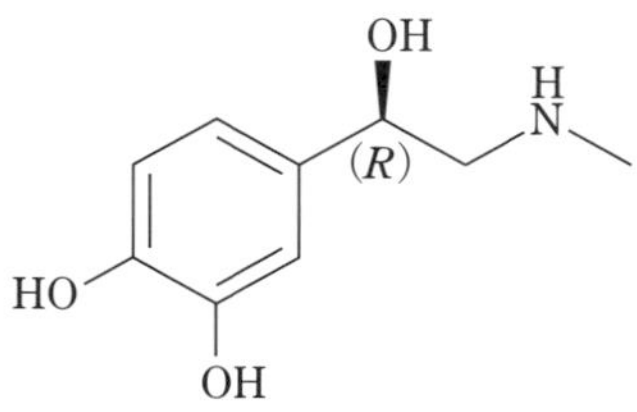

図I－20　高峰譲吉が発見した「アドレナリン」の分子構造

アドレナリンの発見

次にタカジアスターゼよりも重要な発見をすることになった。それがアドレナリンの発見である。アドレナリンはホルモンとして世界ではじめての発見となった。アドレナリンは副腎から分泌され筋肉を収縮させることで血圧を下げる働きがあり，多くの研究者はこの物質の精製を争っていたが，1900年に高峰が誰より早く発見した。高峰はアメリカだけでなく，ヨーロッパの学会でも発表し，アメリカ，イギリス，日本で特許を取得した。アドレナリンは止血剤としてあらゆる手術に用いられている。はじめ，耳鼻科において鼻血を止める止血剤として使用されていたが，次第に大量出血による血圧低下に対する緊急の昇圧や喘息発作の治療など，「アドレナリンなくして治療なし」とまで言われるほどに広まった。

ホルモンや神経伝達物質という概念が無かった時代にアドレナリンは世界で初めてのホルモンとして発見された。今であれば間違いなくノーベル賞ものである仕事であった。

アドレナリンは間違いなく高峰譲吉により発見されたものだが，アメリカと日本では異なる見解があった。それは，ジョン・ホプキンス大学のエイベル教授がエピネフリンと名付けた別の物質を精製しており，分子式も異なるエピネフリンを1899年に発表していた。ところが，エイベルは自分が発表した物質が高峰が発見したアドレナリンと同じであると主張し，高峰がデータを盗んだかのごとく学会で主張したのである。それも，高峰が亡くなったあとになってから主張を始めたのであった。高峰には反論することができない(亡くなった後であるから当然できない)から学会はエイベルの主張を受け入れ，アメリカと日本ではアドレナリンをエピネフリンと長らくよんできた。しかし，エイベルがエピネフリンとして発見した物質はアドレナリンではなく，分子式も異なっていたことから，高峰が生きていたら大いに反論したと思われる。

つい最近まで，日本ですら，アドレナリンをエピネフリンとよんでいたが名誉回復が叫ばれ，2006年にようやく日本でもアドレナリンとよばれるようになった。

理化学研究所の設立

「タカジアスターゼ」や「アドレナリン」の特許収入により億万長者になった高峰はアメリカのロックフェラー研究所のような，「国民科学研究所」の設立を提案したことがきっかけとなり以下の研究所の設立に関わることになった。

1917年，高峰譲吉の提案により日本の近代科学の礎となる研究所が設立されている。その研究所こそ，「理化学研究所」である。通称「理研」とよばれる理化学研究所は，「恩賜財団　理化学研究所」として皇室からの御下賜金をうけ，渋沢栄一などの協力により，政府や財界からの寄付金により設立された。理化学研究所は第二次世界大戦でGHQに解体されるまで約30年間存続した。その後，特殊法人時代を含めて現在の独立行政法人へと受け継がれており，研究所の所員には湯川秀樹，朝永振一郎などノーベル賞受賞者となった者もいる。東北大学金属材料研究所を設立しKS鋼の発明で知られる本多光太郎やビタミンの発見で有名な鈴木梅太郎なども理研に在籍していた。最近ではiPS細胞を用いた再生医療の臨床試験を世界ではじめて成功させた高橋政代研究員などが在籍している。

高峰譲吉の故郷である金沢には「高峰賞」という未来の科学を担う子供たちに送られる科学賞が設立されており，金沢市内の中学生の生徒に対して理科の優秀な研究成果を納めた生徒に送られ続けている。

牧野富太郎

「植物学の父」とよばれることがある牧野富太郎(1862-1957)も，94年の生涯で人間的にも興味深いいくつかの特徴を挙げることができる。学校教育や大学のような専門機関で生物学の専門教育はほとんど受けていなかったにも関わらず，矢田部良吉から研究の機会を与えられ，2,500種以上の新種・変種を命名，50万点以上に及ぶ植物標本を収集し，日本の本草学を植物分類学に発展させたと評価されている。

日本における植物学研究でもっとも歴史と伝統がある「日本植物学会」(1882年設立)は，その「百年史」のなかで，「牧野富太郎は1884年以来東京大学で研究を続け，日本植物の解明に多大な貢献をするとともに，全国の植物同好者を指導した。また，1916年「植物研究雑誌」を創刊し，これは現在でもわが国分類学研究の国際発表誌の一つとして続けられている。彼はまた自ら筆をとって図鑑の作製につとめ，『日本植物図鑑』(1926)はその後幾多の変遷をへて」，今日，植物図鑑といえば，牧野の主著『牧野植物図鑑』(1940)が挙げられるほど，「最も広く利用されているもののひとつである」と述べているほどである。それ以外，小学校を中退した学歴で理学博士になったなどエピソードが多い人物としても知られる彼の歩みを時系列的にみていこう。

生い立ち

牧野富太郎は，幕末の1862 (文久2)年，現在の高知県高岡郡佐川町の酒造業と雑貨店を営む豪商の家に生まれた。当時の暦は旧暦で，誕生日は4月24日である。今日の暦とは実際は異なるのだが，牧野の誕生日4月24日を「植物学の日」とよんでいる。5歳までに父と母を亡くし，6歳で祖父も他界した。兄弟姉妹はなく，その後，祖母に育てられた。

このころ，日本は明治維新を迎え，欧米をモデルとした近代国家を目指していく。牧野が生まれた時の名前，誠太郎から富太郎へ変えたのはまさに明治元年(1868)であった。しかし，牧野の学童期は，時期的に学校制度は整備の途上にあった。小学校の制度を定めた「小学校令」が出されたのは1886 (明治19)年のことである。そのため，彼はまず，寺子屋に入り，さらに地元の藩校，名教館でも学んだ。新設された小学校には2年しか在籍しなかった。しかし，その後も英語の学習や生来好んでいた植物採集に拍車をかけ，師範学校教諭から植物学の手ほどきを受けたりしていたのである。はやくも17歳で地元の医師が所有していた日本の本草学の最高書とよばれる小野蘭山の『本草綱目啓蒙』(全48巻，1803)に触れていた。とくに家業に精を出すという生活ではなかったのである。

こうして植物学者を目指すようになった牧野は19歳の時，上京する機会を得る。蒸気船や開通ほどない鉄道を乗り継いでなんとか東京・新橋にたどり着いた。日本の産業促進と意図した「内国勧業博覧会」を見物したり，博物学や博物館行政を推進した当時の文部省博物局の田中芳男(1838-1916)や小野蘭山の子孫で同じ博物局にいた小野職愨(おのもとよし)(1838-1900)と出会ったりしている。

彼らが仲介し，再度上京した1884 (明治17)年，東京大学理学部植物学教室の矢田部良吉や松村任三(1856-1928)，大久保三郎(1857-1914)らと知遇を得ることになる。牧野が地元の植物をまとめた「土佐植物目録」を見せられた矢田部は，その内容の充実ぶりに感心したという。そして，植物学教室の出入りが認められ，文献等の利用も許された。そして，ここで知り合った学生と植物学の専門雑誌の発行を提案，矢田部の了解を得て植物学会の機関誌として1887年2月『植物学雑誌』を創刊した。牧野は「日本産ひるむしろ属」と題する論文を載せている。こうして牧野は植物学者としてスタートを切った。さらにこの年，日本の植物を網羅的に記載していく『日本植物志』を企画し，その図版を自ら作成するため石版技術の習得も始めた。しかし，牧野を育てた祖母を失っている。

図Ⅰ－21　青年時代の牧野富太郎

天国と地獄の経験

1888年には『日本植物志図篇』第1巻第1号を刊行した。これは当時，国際的にもっとも日本の植物に通じているといわれたロシアのマキシモウィッチ(Karl Johann Maximowicz, 1827-1891)にも送り，賞賛と激励の返事を受け取っている。こうして順調に研究を進めていた1890年，牧野にとってまさに天国と地獄といって良いような華やかさとシビアな現実を同時に味わう体験をすることになる。

天国のたとえというのは，牧野の国際的研究として知られるムモウセンゴケ科の水草，ムジナモの発見である。この植物は，世界に点在して生息するという珍しい植物で，それが日本のしかも東京で発見されたのである。学術雑誌に報告したことから，彼の名はその研究成果と共に世界に発信された。また，同じ年，知り合った小澤壽衛子と結婚し，大学近くで生活を始めた。彼女の切り盛りがあったからこそ，牧野は研究を続けていくことができたのである。しかし，順風満帆とはいかなかった。

地獄ともいうべき事態もやってきたのである。それは，大学で研究の機会を提供したにも関わらず，日ごろから牧野の独断的な態度や大学人に了解を得ない自分勝手な振る舞いに不快感を抱いていたという矢田部や松村任三から東京大学理学部植物学教室への出入りが禁止されてしまった。そのため，牧野が心血を注いだ『日本植物志図篇』の刊行も中断せざるを得なくなった。それではと，彼が研究上頼りにしていたロシアのマキシモウィッチの下へ行き，研究を続行させようかとも考えたが，1891年にマキシモウィッチは亡くなってしまった。さらに，これまで牧野研究の経済的な支えであった地元，高知での家業が傾いてきたことである。牧野は自由に研究を続けることができる資金的余裕がなくなったのである。それでも，地元へ帰ったり，東京帝国大学農科大学(東京大学農学部の前身で，東京・駒場にあった)で，細々と研究を続けていた。

大学教官に就任し，博士号を取得

1893 (明治26)年，矢田部の東京大学退職後，教授となった松村から植物学教室の助手という職階で牧野は呼び戻された。晴れて帝国大学教官に就任したのである。しかし，研究と家庭生活を支えるまでの収入はなく，家財道具を手放さざるをえない状態にまで陥った。また，牧野は松村との間でも人間関係が円滑でなくなり，松村から辞職を画策されることになる。とはいえ，1912年には講師へ昇進，1939年まで勤務したことから，植物学教室としても彼を必要としていたことが窺える。1927年には東京帝国大学から，理学博士の学位を授与された。題目は「日本植物考察」であり英文で書かれたものであった。また，晩年には牧野は松村を日本における植物学に大きく貢献したと語っている。そのこともあり，牧野は松村の門下という言われ方をすることがある。

晩　年

今日でも植物図鑑といえば，牧野，牧野といえば植物図鑑，といわれる『牧野日本植物図鑑』は，彼が東京帝国大学を退官した後の1940年に刊行されたものであった。戦後，1950年には日本学士院会員，翌年，第1回目の文化功労者となった。植物学関係では遺伝学の藤井健次郎(1866-1952)や木原均(1893-1986)がいる。1957年の没後には，文化勲章も授与されている。

牧野は90歳を超えた時，「これまで長生きして好きな植物の研究を続けられたのは，若い時から酒も飲まずタバコも吸わなかったからだ」と述べている。1958年，高知県立牧野植物園が開園した。同年，牧野の収集した標本群は，東京都立大学(現，首都大学東京)に寄贈された。また，晩年の約30年間を暮した北豊島郡大泉村(現，東京都練馬区東大泉)の自宅跡に練馬区立牧野記念庭園が設けられている。

Ⅰ－3　生命の連続性

(1)　発生現象の認識

図Ⅰ－22は，ニワトリの発生の様子を描いている。イタリアの解剖学者ファブリチオ(Geronimo Fabrizio, 1537-1619)『卵とヒヨコの形成』(1621)と，同じくマルピーギ(Marcello Marpighi, 1628-1694)『卵内におけるヒヨコの形成』(1672)からのものである。これらは同じ動物の発生の様子を描いたものであるが，近代科学成立期において行われた肉眼観察(ファブリチオの図)と顕微鏡観察(マルピーギの図)には，50年ほどの時間差がある。その間に生物学的研究に導入された顕微鏡の効果は一目瞭然である。あるいは，肉眼でも可能な限り詳細な観察をしていたことがわかる。

受精とは，精子と卵による細胞融合と核融合により新たな取り合わせの遺伝子を獲得するための生物による生き残り戦略である。それぞれの核(精子の核＝雄性前核，卵の核＝雌性前核)が核融合により受精卵(接合子)の核を形成する一連の過程を「有性生殖」とよぶ。生物は有性生殖により，雌雄の配偶子(精子と卵)による受精により新たな世代を作り出すことができる。この世代交代における有性生殖の意味は，同一の遺伝子だけよりは遺伝子の多様性が生まれ，新たな環境に適応した突然変異の遺伝子もシャッフルにより，環境の変化に適応する種が保存され，遺伝子

ファブリツィオ
『卵とヒヨコの形成』(1621)

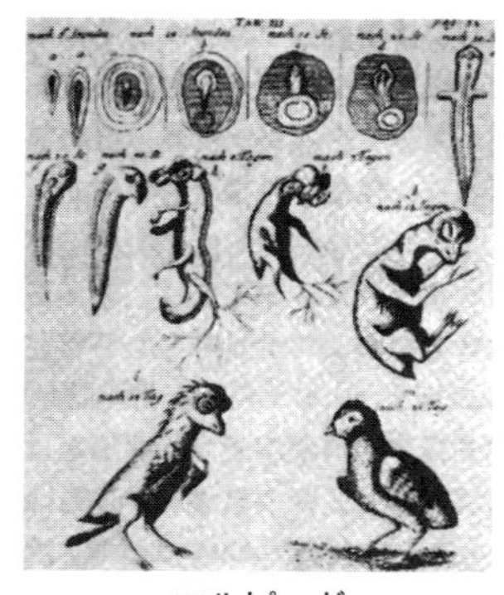

マルピーギ
『卵内におけるヒヨコの形成』(1673)

図Ｉ－22　ニワトリの発生図(左：肉眼観察)，右(顕微鏡観察)

の変異を拡散させる意味においても重要である。

遺伝子のシャッフルは，減数分裂の過程で生じている。父方の遺伝子(精子由来)と母方の遺伝子(卵由来)は，配偶子形成における減数分裂の過程で遺伝子の一部がキアズマとよばれる領域で遺伝子の乗り換えが生じる。したがって，次世代の配偶子(卵や精子)の遺伝子は厳密には親の遺伝子と一部異なった組み合わせをもつことになる。生物の多様性を保証する遺伝子の多様性は，このように減数分裂で生じている。

受精に関わる配偶子形成は，一つは精子形成過程(減数分裂)であり，もう一つは卵の成熟分裂(減数分裂)である。精子形成は，減数分裂の後，精細胞の細胞質が細胞外に放出されて必要最小限の細胞質と運動(卵へたどり着くため)の長い鞭毛が形成される。また，運動エネルギーの産生のためのミトコンドリアをもつ特殊な形状の細胞となる。これが精子である。

精子は卵のゼリー層から放たれる誘因物質により卵へとたどり着く。ちなみに，精子を持たない種子植物の受精においても花粉管内の精細胞が胚珠内の卵細胞に引き寄せられる誘因物質が発見されている。卵細胞の両側に位置する助細胞から放出される誘因物質により花粉管は卵細胞に引き寄せられる。

動物では卵に到達した精子は，卵の中に侵入する時，精子の先端にある先体胞から分泌させる物質が卵のゼリー層を溶かす。精子は先体突起が形成され卵内部へと進む。精子が卵膜に到達すると精子の膜と卵の膜の膜融合が生じる。精子の卵への侵入により，受精の第一段階は完了する。受精はたった一つの精子が卵に侵入すると，他の精子の卵への侵入を許さない。これを「多精拒否」という。精子は卵に侵入するまで鞭毛を動かすが，卵に侵入すると運動を停止する。やがて精子の核は卵内部で雄性前核となり，哺乳類では受精の刺激により卵の減数分裂が再開し卵成熟が完了(雌性前核が形成)する。受精の第二段階の精子と卵の核融合(受精卵の核形成)の完了が受精の完了である。

動物の受精は，種類により精子が卵へ侵入可能な卵の時期(受精の時期)が異なる。例えば，哺乳類の卵は，卵母細胞が第1減数分裂は完了(第1極体を放出)した後，第2減数分裂の中期で停止する。精子はそれ以外の卵とは受精できない。精子が卵と受精すると，減数分裂が再開して第2極体が放出される。極体形成は卵細胞に多くの細胞質(栄養)を偏らせることが目的であり，極端な不等分裂により2つの極体が放出される。発生の研究でよく知られるウニの受精は，卵成熟が完了した，ある意味特殊な例であり，ウニの卵は成熟した卵が卵巣から放出されることから，放出された卵は精子といつでも受精可能である。ウニは卵と精子があれば特別なホルモンの処理をしなくてもいつでも受精可能であることから古くから発生の研究に使われている(図Ⅰ－23)。

精子が卵に侵入する瞬間(ハツカネズミ，走査型電子顕微鏡写真)

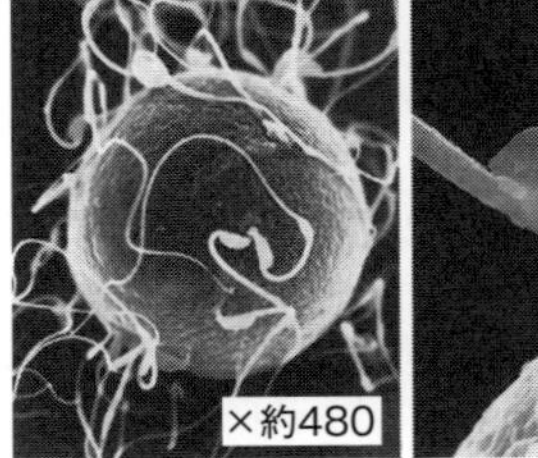

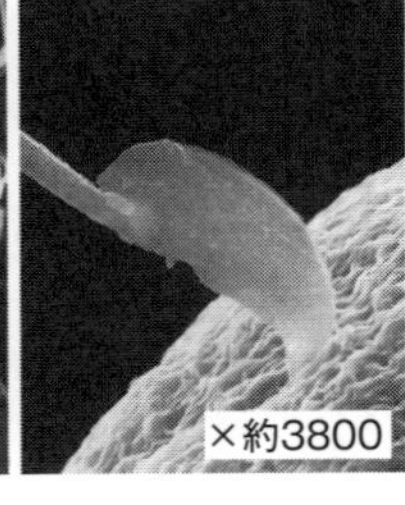

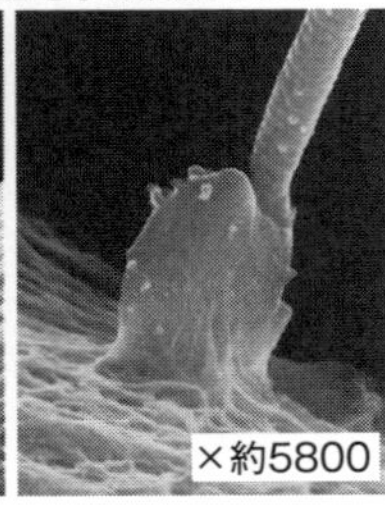

図Ⅰ－23　哺乳類の受精の瞬間

精子が卵へ侵入すると受精膜が形成され，しばらくすると受精卵が最初の細胞分裂により2つの割球に分かれる。これを卵割(受精卵の細胞分裂)という。この卵割が生じるには精子の中心体が必要である。精子が受精に果たす役割は，この中心体を受精卵に持ち込み卵割を起こすことである。卵には中心体がなく，精子の中心体が卵の分裂極を形成し染色体を分配する分裂装置を形成する。ドイツのボベリ(Theodor Boveri, 1862-1915)は，卵の細胞分裂(卵割)は，精子に由来する中心体が卵割の分裂装置を形成するという「受精説」を1887年に提唱した。中心体は鞭毛を形成するだけでなく，細胞分裂の制御にも関与する重要なオルガネラである。ボベリはウマノカイチュウという寄生虫の細胞のヘマトキシリン染色により確認された分裂極を中心体と名付けた。受精により精子由来の中心体は，全ての細胞分裂の始まりの中心体が複製され，それ以降の全ての中心体のもとは精子由来であることを精子中心体の父性遺伝という。一方，精子のミトコンドリアは多くの場合受精後に消失する。したがって，受精後の細胞に残るミトコンドリアは卵のミトコンドリアであることから，これをミトコンドリアの母性遺伝とよんでいる。

受精卵は卵割を繰り返し，細胞の数が64細胞以上を桑実胚(そうじつはい)という。胚の内部に空間ができると胞胚(ほうはい)といい，胞胚の内部空間に陥入(かんにゅう)が生じると将来の腸や胃，食道の源である原腸が形成される。この時期の胚を原腸胚(げんちょうはい)または，嚢胚(のうはい)という。これらを初期発生過程という。卵割期は細胞が成長する前に細胞分裂が次々に短時間で分裂が起こるため，胚は成長せずに細胞の数だけが増える。細胞分裂は一般に分裂期で生じる。細胞が増殖する一連の過程を「細胞周期」という。細胞周期には細胞分裂が生じる分裂期があり，それ以外を間期という。間期には分裂期の後でDNA

の合成を準備する(G1期) DNA合成準備期があり，次にDNAの合成期(S期)があり，次に分裂準備期(G2期)があり，再度分裂期となり，連続するこの過程を細胞周期という。さらに，分裂期は前期，中期，後期，終期に分けられる。生物は細胞分裂により数を増す。増殖は繁殖に欠かせない細胞機能であり生物の最大の特徴である(図I－24)。

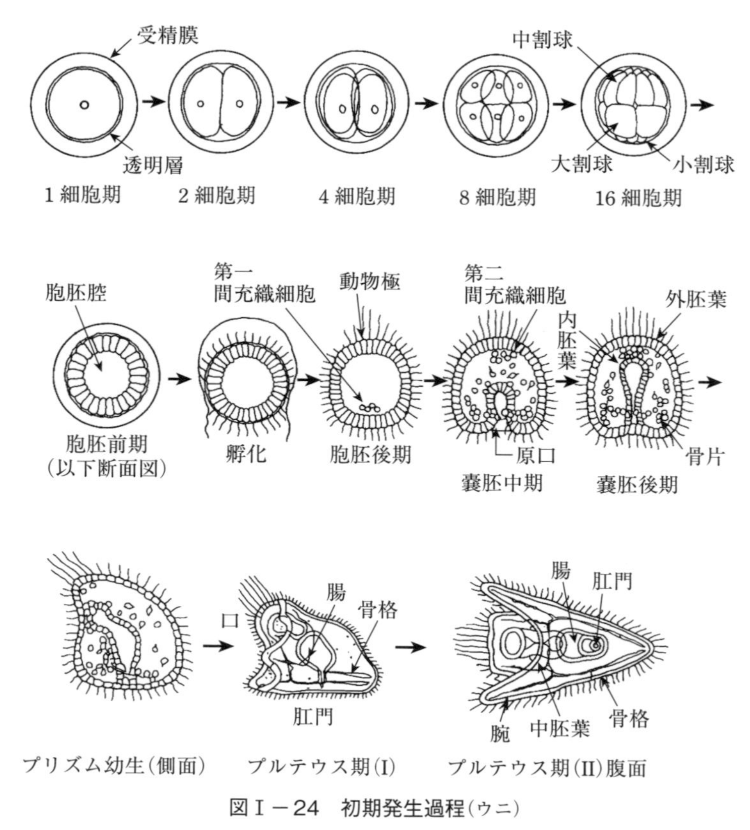

図I－24　初期発生過程(ウニ)

増殖に対する生物学的細胞の機能を「分化」という。単細胞の細胞性粘菌は増殖と分化が明瞭に区別されるモデル生物である。栄養(餌)があれば増殖して細胞分裂を繰り返すが餌がなくなる(飢餓状態)と分化期へ移行する。生殖のために分化が生じ胞子が形成される。分化した細胞は一般的にはあまり増殖が起こらず，分化した細胞の多く(体細胞)は寿命があり，生殖細胞のみは次世代まで生命を継続させる。

(2)　生殖のしくみ

生命のはじまりは，精子と卵がなくてはならない。精子は精原細胞が減数分裂によって4つの精子が形成される。一方，卵母細胞は第1減数分裂の前期で停止している。卵母細胞はホルモンにより減数分裂が開始されるまで成長(卵母細胞が大きくなる)を続ける。すべての卵はホルモンがなければ受精可能な卵になれない。

卵成熟ホルモンは，ヒトデの卵成熟誘起ホルモンとして世界ではじめて発見された。1967年，金谷晴夫(1930-1984，図I－25)と白井浩子によりイギリスの科学誌

Natureに発表された論文がそれである。ヒトの卵も含めた多くの動物の卵はそのままでは受精できない。例えば，人工授精による不妊治療においても卵は未熟のままでは使えないのである。卵はどのように成熟を開始するのか。

図Ⅰ－25　金谷晴夫

当時，東京大学海洋研究所に属していた金谷晴夫は，この難問にチャレンジした。金谷は門下の白井とともにヒトデを使って卵成熟を促す物質が何であるかを調べはじめた。ヒトデの卵はこの動物の神経をすり潰した神経抽出液により放卵が起こることにヒントを得て研究に着手した。ヒトデの神経は口の周りと5本の腕の中心に5放射の神経がある。金谷らは，ヒトデ7000匹から抽出した生殖腺刺激物質(GSS)という成分を分離に成功した。これを卵巣にかけると，放卵が誘導された(図Ⅰ－26)。しかし，GSSを未成熟の卵にかけても卵成熟は起こらなかった。GSSにより，卵巣の中で卵は成熟することが示唆された。そこで，次に卵巣をGSSに浸した後，卵巣でつくり出される成分の分析を行った。その結果，GSSにより卵巣中でつくられていた物質を発見した。その物質は，GSSにより，卵巣中の未成熟卵の周りを取り囲む濾胞細胞(ろほうさいぼう)がつくり出す1-メチルアデニン(1-Methyladenine; 1-MA)であった。濾胞細胞で作られた1MAは，未成熟卵を成熟誘起して減数分裂が再開した。1-MAこそがヒトデの卵成熟誘起ホルモンであることが判明した。この発見は，哺乳類やカエル，魚の成熟ホルモンの発見に先駆けて世界初の発見であった。金谷は後に，ローマ法王からも勲章を授与されている。人類の科学の発展に大きく寄与する発見と評された。1-MAの発見は，現在もヒトデを研究材料とした減数分裂や受精のメカニズムの解明を目指す研究に，なくてはならないホルモンとして使われている。

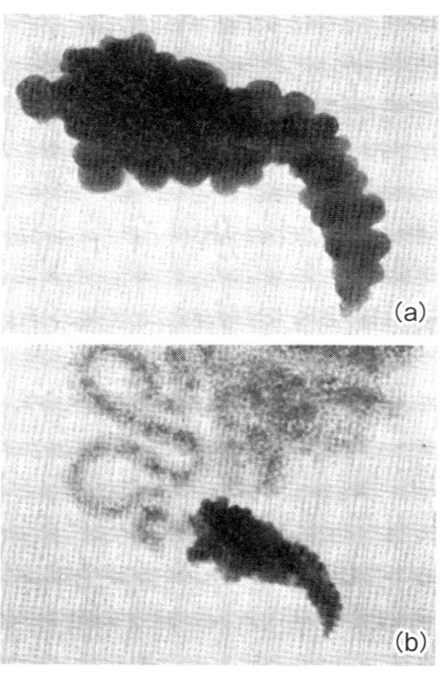

遊離卵巣片の放卵(キヒトデ)
(a) 放卵開始前(約1 cm)
(b) 同じ卵巣片の神経抽出液による放卵，倍率は上と同じ

図Ⅰ－26　ヒトデの放卵

(3)　性差の見方

生物の特性の一つである種族維持では，子孫を残す手段として生殖法が問題となる。一つの説明として，単に種族維持のみが念頭におかれた「無性生殖」が挙げられる。ある個体の体の一部が離れて新たに別の個体になっていく様式が典型である。ゾウリムシやアメーバ等の原生生物に見られる「分裂」がよく知られている。また，外界の条件によって，「性」を使わない生殖法としてヒドラの出芽，カイメンの芽球などがある。ただし，この生殖法は，元の個体を基にしているため遺伝的

には同一ということになる。
そこで，環境への適応を念頭に，確実に子孫を残す方策として配偶子を利用し，遺伝的同一性からの脱却する生殖法として「有性生殖」がある。生物を構成する細胞の中で，雄がつくり出す最も特異な形態をしている精子と，雌に由来する最も単純な形態の卵子との核物質の交換による新たな遺伝子組成から始まる生殖法である。一般の高等動植物に広くみられるものであり，生物の生殖といえば，この雄，雌という性別(性的二型)を利用し，配偶子の融合による遺伝情報の再編から新たな個体が誕生する場合が想定される。
もっとも，配偶子を利用するといっても自然界の種族維持の戦略は多様である。例えば，ミツバチ，アリマキ，ミジンコなどでは，卵子だけから新個体が誕生する「単為生殖」とよばれるものがある。カイコもその卵を刷毛で擦ると精子がなくても個体に発生していくことが知られている。また，ウニ卵では酪酸などの薬物で卵を処理すると受精がなくても発生が進行する(人工単為生殖)。
また，ミミズ，マイマイ，カキでは同一個体内に雌雄両方の形質が発達し，実際に生殖能力をもった配偶子を産出しうる「雌雄同体」である。機会に応じて必要な側の性役割を果たしているといわれる。さらに，魚類では水温や栄養状態など外部環境への対応として，タラバエビのような甲殻類では生活史の過程で「性転換」がしばしば起こることが知られている。これらのことは，自然界では性別は必ずしも固定されたものではないことを意味するものである。性染色体のような，通常であれば，それに従った性別になる「性決定因子」が存在していても性転換は生じる。
このように，生物はその生命活動に柔軟性をもたせながらともかく子孫を残そうとする。一方，シカの角，ライオンのたてがみ，トリの羽，男性のひげなど性の特徴は，配偶者の選択にも影響を与える。生物進化論の提唱でよく知られるダーウィンも関心をもった「性選択」の現象である。
生物学の術語で，「母性遺伝」は，受精によって生じた子の遺伝的形質が，雌性生殖細胞を通じてだけ遺伝する現象のことである。片親遺伝などという場合もある。母性とともに使われる言葉に「母系」がある。これを使った「母系メッセンジャーRNA」とは，卵母細胞中で転写され，安定な形をとって蓄積・保存され，受精後の胚発生の特定の時期にメッセンジャーRNAとしてタンパク質の合成に参画してくるRNA群のことである。
母系遺伝とは，これまで雄，雌どちらかだけからの単性的な遺伝のことを指していた。そして，この現象が生物界には，時折みられることが知られている。その代表がミトコンドリアDNAの遺伝である。最近では，人類の起源をこのミトコンドリアDNAを手がかりに研究する領域が話題になっている。ミトコンドリアは，生物を構成する細胞の細胞質に含まれる。生物は，生命活動を営む際のエネルギーとして生体高分子であるアデノシン三リン酸(ATP)を利用するが，このATPはこのミトコンドリアに含まれる電子伝達系により合成される。
ミトコンドリアは独自のDNAをもつ。生化学的に正確にいえば，13種類のタンパク質と22種類の転移RNA，2種類のリボゾームRNAのための遺伝情報を含み，独自に分裂・増殖をする機構を有している。そして，生物学的に興味深いのは，核の中に含まれる遺伝子の本体として知られるDNAと比べてこのミトコンドリアDNAは変異の速度が早いことと母性遺伝をすることである。

さて，なぜ「ミトコンドリアDNAの母性遺伝」などという一般になじみがなさそうなことが問題になるのかである。一つは，生物進化との関係である。高等動植物は，一般に有性生殖で子孫を残す。その際，雄の精子に含まれる遺伝形質と雌の卵に含まれる遺伝形質が受精により核融合を起こし，そこで新たな遺伝子構成を生じることが前提である。

一方，一夫多妻制の場合からイメージされるように，例えば，動物の自然集団においても少数の雄がその集団内の種全体の子孫を残すことが考えられる。その際，ミトコンドリアの作用に起因する疾病「ミトコンドリア病」を考えてみよう。雄の精子のミトコンドリアがなんらかの損傷を受けていた場合，母系遺伝であればその母系の範囲内で損傷を受けたミトコンドリアDNAの拡散を最小限に食い止めることが可能になる。すなわち，その種からみれば母系遺伝は種族維持に貢献する遺伝形式なのである。

マウスやラットのようなげっ歯類では，通常，雌は他個体への攻撃に加わらないが，妊娠や授乳期に巣に近づき侵入しようとする同種の成体に対して激しく行動することが1940年代半ばから報告されている。「母性攻撃行動(maternal aggression)」とよばれるものである。しかし，この行動はある種の系統のマウス(BALBやDBA)では，高頻度で出現するのに対して，別の系統(C57BLやC3H)ではまったく見られないことも知られている。

行動生物学的観点から

子どもに対する就巣，哺育，保護などの母親の一連の行動を「母性行動(maternal behavior)」とよんでいる。一般に子どもの生存を高めるような母親の行動を指す。ただし，広義には雄にもみられる類似行動も母性行動と解釈されている。例えば，げっ歯類で新生仔を同居させると当初は拒否的な行動が見られるが，同居時期が長くなると巣づくりや仔を巣に集める行動を出産経験がない若い雌や雄でも始めることが知られている。これは，性腺や下垂体のような内分泌器官を切除してもみられるものである。

母性行動は，種々の動物で観察されているが，自然界ではゾウの振る舞いが母性を考える上で興味深い。この動物は，典型的な「母性社会」であることが知られている。すなわち，7，8歳になると雄のゾウは集団から離脱し，単体で生存を続ける。一方，雌のゾウは集団に残り，子育ても10～20頭の集団で行う。そのボスも雌である。繁殖(生殖)期になると，生き残った雄が雌の集団に入り，生殖活動が行われる。ただし，すべての雄のゾウがそれに関わるのではなく少数の雄ゾウのみである。そして，生殖期が過ぎると，また雄は集団から離れていくという。雌ゾウの集団では良好なコミュニケーションがとられている。

また，ツバメも母性愛が強い動物として知られている。この動物は一度に5～7羽の産卵をし，孵化後3週間程度で巣立つ。この間，母親はヒナに餌を与えるため数百回以上，餌の捕獲のために巣を行き来するという。ツバメの場合，人工的に保護し，栄養補給をしても，自然界の場合と比べてヒナの成長は遅く，生存率も半分以下に落ちるのである。

さて，母性の実験的研究でもしばしば用いられるマウスの母性行動にはどのようなものがあるか，については論者によって異なるものもある。例えば，新生仔をくわえて自分の側に寄せ集める行動，性器をなめ排尿・排糞を促す行動，巣を造る行動，授乳動作の4種を挙げているものがある一方，ラットでは巣から外にはみ出した仔をくわえ巣に戻す行動，仔をなめてきれいにし，かつ排尿・排糞を促す行動の他に，仔が乳を求めて腹下にもぐりこんでくると背を丸め，四肢を緊張させ腹下に空間をつくる姿勢をとる行動がある。げっ歯類をまとめて，これらに加えて，新生仔に付着した胎盤・羊膜を食べる，巣の周辺への侵入者を攻撃する，死んだり弱ったりした仔を食べるというのもある。

さて，このような母性行動が誘起されるには，なんらかの感覚刺激が必要なことが知られている。これは種によって異なることも報告されている。ラットでは嗅覚が傷害されると新生仔に付着した胎盤・羊膜を食べるという行動が悪くなる反面，バージン雌の仔に対する拒否的行動を減少させる。一方，マウスにおいて嗅覚を切除すると，生殖体験に関わらずほとんどの個体が仔を食い殺すようになるという。

それでは，子育ては性別のどちらが行うのかということを考えてみたい。例えば，脊椎動物でも魚類は，産卵期に放卵，放精をしてしまえば，後は成り行き任せで子育てはしない。両生類や爬虫類もごく一部に子育てをするものが知られているが基本的には生み放しである。鳥類になると，つがいで世話を始める。なかでも映画にもなった皇帝ペンギンの父親は，絶食の上2，3か月の間，抱卵をし続けることが知られている。

結局，哺乳類の段階に至って，雄の方が雌よりも積極的に育児をする種が存在するなど子育ての仕方が多様になる。結局，母性行動は妊娠，出産，授乳に限られ，その他の行動は他の個体で代替が可能であり，母性行動とよばず「養育行動」で置き換えられるものであるという指摘がある。

行動生物学の観点からヒトを含めた霊長類の配偶は，一夫一妻，一夫多妻，一妻多夫，多妻多夫のパターンが考えられる。自然界を眺めた場合，霊長類では一妻多夫の事例は知られておらず残りの3つのどれかになる。ヒトの場合，基本的に一夫一妻制を取っているが，このような形態は，他にはマーモーセットとよばれる真猿類とテナガザルのような類人猿に限られている。人間社会をみても，先進工業国では一夫一妻制が法律などの制度上からも要請されているが，非工業国ではむしろ一夫多妻が80％近くを占めているという調査結果もある。一般に人口が多い国に一夫多妻が多いともいわれている。また，先進工業国であっても，一夫多妻や多妻多夫の様相がしばしばみられるものでもある。生物進化の過程を考えても進化の結果，一夫一妻制に収斂してきたものではないと考えられている。

それでは，霊長類の中では進化的に下等とされるマーモーセットでは，母性や父性がどのようにみられるのであろうか。この動物の父親は，母親とともに子どもの世話をし，移動の時は子を運ぶという。森林内で外敵を避けながら生息する生活環境から両親の協力は，子どもの安全にとっても重要かつ必要なものとなる。

さて，一夫多妻の場面が成立するためには，雄が集団におけるボスであることが必要である。そして，このボスとは食糧を確保でき，かつ身の安全を保障し，生殖能力が高い(性的不能ではない)ことが必要である。この食糧と他の雄から雌を奪われないことを含めて外敵に対応しなければならないことから，子育てまでに手が回らない。こうした場合，父親は子育てに関わらない，あるいは関われない事態と捉えられる。

また，多夫多妻の場合では，そもそもその集団内で雌は複数の雄との生殖行動をとることが多いため，父親を特定すること事態が困難である。こうした霊長類の集団では，例えば，母親が死亡した場合，集団内の雄がこの子どもの世話をするという。また，父親が特定できた場合でも，集団内の雄は生殖的なつながりからよりも，集団内での位置や役割で子育てに加わるという報告がある。

これらを基に一夫一妻制を考えてみる。こうした場合の雌は，子育てに勢力を費やすよりも自身の遺伝子を残すべく出産に力を入れた方が得である。すなわち，ドーキンス(Richard Dawkins, 1941～)が『利己的な遺伝子(The Selfish Gene)』(1991)で展開した言説でいえば「子育ての負担を負うよりも，押しつけた方がより多くの遺伝子が残せるようになるのであり，しかもその都度子育てはすべて相手に押し付けることを「望み」とするはずだ」ということになるのである。

内分泌学・神経生理学的観点から

哺乳動物を考えた場合，外形，大きさ，生活空間は多種多様，各種各様であるが，確実に共通していることが知られている。それは，生まれてきた子どもは必ず母乳を使って保育されるこということである。哺乳類の母性行動を司る脳の機能分化として構造上の相違や脳内物質の相違が知られている。

母親の仔に対する一連の行動は何によって司られているのかという疑問に対して，生物学では内分泌物質の関与をまず考えてみる。その中で，知られているのがプロラクチンとよばれるタンパク質性のホルモンであり，哺乳類の乳腺発育や乳汁分泌維持の働きがある。そして，妊娠末期から授乳期に顕著に増加することが知られている。

それでは，このプロラクチンと特定の内分泌器官を切除しても母性行動が生じることとはどのような関係があるのだろうか。この点に関する説明は，1980年代に入ってからなされるようになった。すなわち，卵巣のような性腺，下垂体を切除しても雌ラットでは，母性行動がみられるというが，両方を切除した場合にはどのようになるかの実験である。この場合は，母性行動は観察されなかった。さらにエストロゲンやプロゲステロンのようなホルモンを投与しても母性行動の促進はなかったという。そこで下垂体を腎臓に移植したうえで，エストロゲン，プロゲステロンを与えると母性行動が誘発され，血液中のプロラクチン濃度が上昇したという。

これらのことは，エストロゲンやプロゲステロンが作用している状況下で，プロラクチンが母性行動の誘導を行うことを示すものである。また，プロラクチンの分泌を抑制する働きがある薬物を投与した場合には母性行動が遅延し，脳室内に直接プロラクチンを投与すると母性行動が早期に誘導されることも報告されている。すなわち，プロラクチンは母性行動の発現誘導に強く関与するホルモンと捉えられているのである。

最近では，遺伝子組み換え技術を利用し遺伝子を改変したマウス(ノックアウトマウス)を利用した研究が急速に進展している。例えば，エストロゲン受容体に関する遺伝子をノックアウトしたマウスの行動をみると，雄では攻撃性が減退するが，雌では攻撃性が増し約半数が仔殺しを行うという。その分子的な機構も推定されている。すなわち，アンドロゲンからエストロゲンを合成する酵素であるアロマターゼは，内側視索前野とよばれる神経回路で発現している。この酵素の情報をもつ遺伝子をノックアウトしたマウスでは，雄の仔殺しが増加することが知られている。すなわち，血液中にエストロゲンの濃度が低い雄では，アンドロゲンから脳内で局所的にエストロゲンを合成し，父性行動を起こしていると考えられるのである。

しばしば，ヒトは変わった生き物であるといわれる。繁殖期がない(毎日，生殖が可能)ことや，妊娠していなくても乳房の発達している点，生殖行動の特異性(対面での行為)などがその典型である。これらも種族維持のための適応戦略で進化の結果と考えられている。

そのヒトについて，「母親がもつ子どもに対する先天的・本能的な愛情」という意味での母性愛は，近代社会の産物であるという考え方がある。中世ヨーロッパ社会では大人と明確に区別される「子ども期」というものはなく，死亡率の高い乳幼児期を越えると「大人」と一緒に扱われたという。子どもが亡くなったとしても，別の子どもが生まれてくればそれで補えたからである。また，母親たちも仕事に追われ育児がおろそかになっていたといわれる。フランス革命直前の1780年，パリで生まれた21,000人の子供の内，産んだ母親に育てられた人数は1,000人，乳母も1,000人で，その他は里子に出されていた。

それが，産業革命以降，物質的な生活の向上にともない母親が育児に精を出すようになるとともに母性愛が生まれてきたというわけである。フランスの思想家ルソー(Jean-Jacques Rousseau, 1712-1778)の『エミール(Emile)』(1762)で展開した「母親がすすんで子どもを自分で育てることになれば，自然の感情がすべての人の心によみがえってくる。国は人口が増えてくる。家庭生活の魅力は悪習に対する解毒剤である」の言説が支持を集めるようになった。そして，夫は稼いで家族を養い，妻は家事専業になって家を守るという性別役割分業家族が，普遍的な家族モデルとみなされるようになったのであった。

このような母性，父性であるが，現代においては性の多様性という問題も生じている。近年，欧米での同性婚が話題になるように，同性愛の問題も存在する。同性愛自体は，イヌやウシ，ニワトリなどにもみられるものである。また，人間の場合においても，敬意の表明や異性の代用，性的未分化によるなど種々の原因が考えられている。

さらに，身体的な性別と心理的な性別の乖離に苦しむ「性同一性障害」も社会的に話題になった。単純に性染色体の組み合わせだけの生物学的性決定だけでは立ち行かない心理的・精神的性自認の問題が生じているのである。しなやかな性への理解は，今日の社会において不可欠なものであろう。

Ⅱ. 現代の生命科学

Ⅱ－1 物質レベルからみた生命現象

（1） DNAの発見

19世紀末，タンパク質を中心とする生体構成成分の世界的権威はドイツ，チュービンゲン大学のホッペザイラー（Ernst Felix Immanuel Hoppe - Seyler, 1825 - 1895）であった。1877年に彼が創刊した「生理化学雑誌」に当時の成果が窺われる。そして，このホッペザイラーに学んだ一人がスイス生まれのミーシャー（Johann Friedrich Mieseher, 1844 - 1895）であった。

彼は1869年，白血球の残骸で大きな細胞核を含む膿（うみ）からリンを多く含むタンパク質を抽出して「ヌクレイン」と名付けた。発見当時はとくに注目されたわけではなかったが，1889年にはドイツの細胞化学者アルトマン（Richard Altmann, 1852 - 1900）は，このヌクレインを細胞核に含まれる酸性物質という意味で「核酸」と改称した。また，ミーシャーと同じくホッペザイラー門下のコッセル（Albert Kossel, 1853 - 1927）は，核酸に2種類あることを突き止め，さらに1894年には，これらの核酸には五炭糖が含まれることを見出した。

一方，ロシアに生まれアメリカ・ニューヨークのロックフェラー医学研究所で活躍したレヴィン（Phoebus Aaron Theodare Levene, 1869 - 1940）は，1903年に2種類の核酸はそれを構成する2種類の塩基の組成が違うことを発見した。さらに1929年には，核酸には糖の種類がデオキシリボースのものと，リボースのものに分けられることを示した。そして，この研究以降，核酸は「デオキシリボ核酸（DNA）」と「リボ核酸（RNA）」に分けられるようになったのである。

さて，このDNAは互いに相補鎖となる2本のDNA鎖が塩基対により結合した2本鎖のらせん構造（二重らせん構造）である。このDNAの塩基の並びを塩基配列という。ATGCGCTCCGAGT→ がその塩基配列である。この配列はDNAの塩基対を構成するルールに従って相補鎖を形成している。そのルールは，T→AとA→TとG→CとC→Gが，それぞれ対を形成して2本のDNA鎖が結合する。DNAの配列を写し取ったものがメッセンジャーRNA（mRNA）である。DNAをRNAに写し取る場合は次のルールがある。（DNAの塩基に対して）→（RNAの塩基が対応）は，T→A　A→U　G→C　C→GにそれぞれRNAの塩基配列は変換される。写し取られたRNAの配列がRNAで示した（AUGCGCUCCGAGU→ がmRNAの）配列となる。このRNAの3つの塩基の組をコドンという。図Ⅱ－1に示したコドン表は，AUGの1組コドンがアミノ酸のメチオニン（開始コドン）であることがわかる。すべてのタンパク質の翻訳は開始コドンから始まる。3つの塩基の組み合わせが，生物に必要なタンパク質を作る20種類のアミノ酸に対応できるためには，4種類の塩基の組み合わせが2組では4×4＝16組＜20種類となり4つ足りない。塩基3組で4×4×4＝64組で20種類すべてのアミノ酸に対応できる。アミノ酸一つに対して1～6組のコドンが対応している。

		第2文字								
		U		C		A		G		
第1文字	U	UUU UUC	フェニルアラニン	UCU UCC UCA UCG	セリン	UAU UAC	チロシン	UGU UGC	システイン	U C
		UUA UUG	ロイシン			UAA UAG	(終止)	UGA	(終止)	A
								UGG	トリプトファン	G
	C	CUU CUC CUA CUG	ロイシン	CCU CCC CCA CCG	プロリン	CAU CAC	ヒスチジン	CGU CGC CGA CGG	アルギニン	U C
						CAA CAG	グルタミン			A G
	A	AUU AUC AUA	イソロイシン	ACU ACC ACA ACG	トレオニン	AAU AAC	アスパラギン	AGU AGC	セリン	U C
		AUG	メチオニン(開始)			AAA AAG	リシン	AGA AGG	アルギニン	A G
	G	GUU GUC GUA GUG	バリン	GCU GCC GCA GCG	アラニン	GAU GAC	アスパラギン酸	GGU GGC GGA GGG	グリシン	U C
						GAA GAG	グルタミン酸			A G

（第3文字：各行右端の U, C, A, G）

図Ⅱ－1　コドン表

このように，核の中の遺伝情報(DNA)は，転写されてmRNAの3つの塩基ごとに一つの意味をもつ暗号化されたコドン(3つの塩基)が20種類のアミノ酸に対応している。コドンの相補の塩基で暗号化されたアンチコドン(3つの塩基)をもつトランスファーRNA (t RNA)が特定のアミノ酸を結合しリボソームまで運搬する。リボソームではmRNAの3つの塩基で指定されたアミノ酸が順番に次々と結合してタンパク質が合成される。この過程を遺伝情報の翻訳という。

生物の遺伝情報は，DNAの構成要素である4つの塩基(A, T, G, C)が担っており，その構造は2本の逆向きのDNA鎖が一対を成す塩基は決まっており，AにはTが，GにはCが相補的に結合している。この

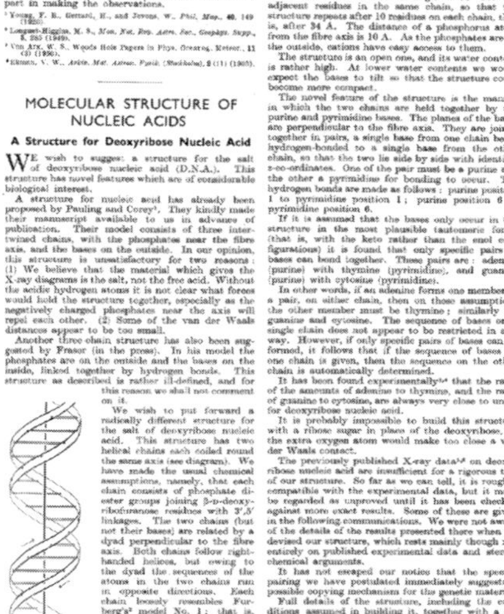

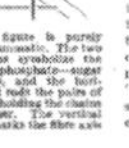

No. 4356　April 25, 1953　NATURE　737

equipment, and to Dr. G. E. R. Deacon and the captain and officers of R.R.S. *Discovery II* for their part in making the observations.

[1] Young, F. B., Gerrard, H., and Jevons, W., *Phil. Mag.*, 40, 149 (1920).
[2] Longuet-Higgins, M. S., *Mon. Not. Roy. Astro. Soc., Geophys. Supp.*, 5, 285 (1949).
[3] Von Arx, W. S., Woods Hole Papers in Phys. Oceanog. Meteor., 11 (3) (1950).
[4] Ekman, V. W., *Arkiv. Mat. Astron. Fysik. (Stockholm)*, 2 (11) (1905).

MOLECULAR STRUCTURE OF NUCLEIC ACIDS

A Structure for Deoxyribose Nucleic Acid

WE wish to suggest a structure for the salt of deoxyribose nucleic acid (D.N.A.). This structure has novel features which are of considerable biological interest.

A structure for nucleic acid has already been proposed by Pauling and Corey[1]. They kindly made their manuscript available to us in advance of publication. Their model consists of three intertwined chains, with the phosphates near the fibre axis, and the bases on the outside. In our opinion, this structure is unsatisfactory for two reasons: (1) We believe that the material which gives the X-ray diagrams is the salt, not the free acid. Without the acidic hydrogen atoms it is not clear what forces would hold the structure together, especially as the negatively charged phosphates near the axis will repel each other. (2) Some of the van der Waals distances appear to be too small.

Another three-chain structure has also been suggested by Fraser (in the press). In his model the phosphates are on the outside and the bases on the inside, linked together by hydrogen bonds. This structure as described is rather ill-defined, and for this reason we shall not comment on it.

We wish to put forward a radically different structure for the salt of deoxyribose nucleic acid. This structure has two helical chains each coiled round the same axis (see diagram). We have made the usual chemical assumptions, namely, that each chain consists of phosphate diester groups joining β-D-deoxyribofuranose residues with 3′,5′ linkages. The two chains (but not their bases) are related by a dyad perpendicular to the fibre axis. Both chains follow right-handed helices, but owing to the dyad the sequences of the atoms in the two chains run in opposite directions. Each chain loosely resembles Furberg's[2] model No. 1; that is, the bases are on the inside of the helix and the phosphates on the outside. The configuration of the sugar and the atoms near it is close to Furberg's 'standard configuration', the sugar being roughly perpendicular to the attached base. There is a residue on each chain every 3·4 A. in the z-direction. We have assumed an angle of 36° between adjacent residues in the same chain, so that the structure repeats after 10 residues on each chain, that is, after 34 A. The distance of a phosphorus atom from the fibre axis is 10 A. As the phosphates are on the outside, cations have easy access to them.

This figure is purely diagrammatic. The two ribbons symbolize the two phosphate—sugar chains, and the horizontal rods the pairs of bases holding the chains together. The vertical line marks the fibre axis

The structure is an open one, and its water content is rather high. At lower water contents we would expect the bases to tilt so that the structure could become more compact.

The novel feature of the structure is the manner in which the two chains are held together by the purine and pyrimidine bases. The planes of the bases are perpendicular to the fibre axis. They are joined together in pairs, a single base from one chain being hydrogen-bonded to a single base from the other chain, so that the two lie side by side with identical z-co-ordinates. One of the pair must be a purine and the other a pyrimidine for bonding to occur. The hydrogen bonds are made as follows: purine position 1 to pyrimidine position 1; purine position 6 to pyrimidine position 6.

If it is assumed that the bases only occur in the structure in the most plausible tautomeric forms (that is, with the keto rather than the enol configurations) it is found that only specific pairs of bases can bond together. These pairs are: adenine (purine) with thymine (pyrimidine), and guanine (purine) with cytosine (pyrimidine).

In other words, if an adenine forms one member of a pair, on either chain, then on these assumptions the other member must be thymine; similarly for guanine and cytosine. The sequence of bases on a single chain does not appear to be restricted in any way. However, if only specific pairs of bases can be formed, it follows that if the sequence of bases on one chain is given, then the sequence on the other chain is automatically determined.

It has been found experimentally[3,4] that the ratio of the amounts of adenine to thymine, and the ratio of guanine to cytosine, are always very close to unity for deoxyribose nucleic acid.

It is probably impossible to build this structure with a ribose sugar in place of the deoxyribose, as the extra oxygen atom would make too close a van der Waals contact.

The previously published X-ray data[5,6] on deoxyribose nucleic acid are insufficient for a rigorous test of our structure. So far as we can tell, it is roughly compatible with the experimental data, but it must be regarded as unproved until it has been checked against more exact results. Some of these are given in the following communications. We were not aware of the details of the results presented there when we devised our structure, which rests mainly though not entirely on published experimental data and stereochemical arguments.

It has not escaped our notice that the specific pairing we have postulated immediately suggests a possible copying mechanism for the genetic material.

Full details of the structure, including the conditions assumed in building it, together with a set of co-ordinates for the atoms, will be published elsewhere.

We are much indebted to Dr. Jerry Donohue for constant advice and criticism, especially on interatomic distances. We have also been stimulated by a knowledge of the general nature of the unpublished experimental results and ideas of Dr. M. H. F. Wilkins, Dr. R. E. Franklin and their co-workers at

図Ⅱ－2　ワトソンとクリックによる論文（1953年）

事実を1953年にNature誌に発表した『核酸の分子構造(Molecular structure of nucleic acids)』という，わずか2ページの論文が生命科学における「20世紀最大の発見」とよばれるアメリカのワトソン(James Dewey Watoson, 1928-)とイギリスのクリック(Francis Henry Compton Crick, 1926-2004)によるDNAモデルの提唱である(図Ⅱ－2)。

- DNAは，細長い2本の分子が塩基によって結合し，らせん状である。
- 塩基同士は水素結合により結び付けられ，遺伝情報は塩基配列が担っている。
- DNAの複製は，水素結合が切断され一本鎖になったDNAの塩基に，遊離している塩基が結合することによって起こると考えられる。

以上がこの論文の要旨である。これにより彼らは，DNAの構造と遺伝情報，遺伝情報の複製の仕組みをすべて明らかにした。遺伝子の突然変異の機構に関しても，塩基配列の変異が生じたと捉えれば説明できるものであった。このとき，ワトソンは若干25歳，クリックは37歳であった。彼らは，DNAが二重らせん構造である証拠と，このモデルを基に模型を作製し，DNAの構造を明らかにした。

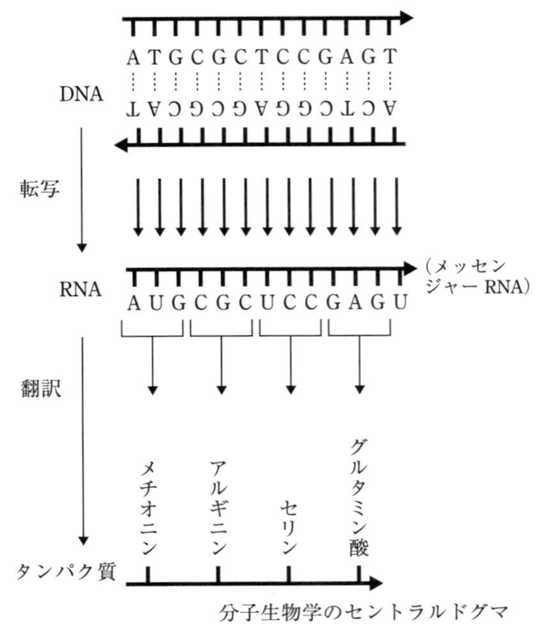

図Ⅱ－3　セントラルドグマと遺伝情報

また，セントラルドグマ(central dogma)とは，生物の遺伝情報の暗号を読みとってタンパク質を合成する流れ(DNA→mRNA→タンパク質)は，決して逆行しないという原理で，クリックにより1958年に提唱された分子生物学の概念である(図Ⅱ－3)。

ところで，DNAの二重らせんモデルは，2本のDNA鎖が内側で4つの塩基(アデニン；A，グアニン；G，チミン；T，シトシン；C)がAとT，GとCが相補的に結合し，相対する塩基が互いに鋳型となる半保存的複製を保証する構造であること，即ち，構造と複製機構を同時に提唱した，画期的発見であった。ちなみに，この発見以前は，DNAの構成要素は4つの塩基の他に，糖(デオキシリボース)とリン酸であることはわかっていたがどのような構造であるかは不明であった。DNAの鎖も2本なのか3本なのかで論争があった。

しかし，このDNAの二重らせん構造の発見は，彼らだけでは決して結論(論文)を出すことはできなかった。DNAの構造を明らかにした最も重要なデータはDNAのX線回折写真であった。この写真を最初にデータとして出したのは，当時，イギリス・ロンドン大学のキングスカレッジのウィルキンズ(Maurice Hugh Frederick

Wilkins, 1916-）の研究室研究員であったフランクリン（Rosalind Franklin, 1920-1958）であった（図Ⅱ－4）。フランスで研究の訓練を受けた彼女が撮ったX線回折像を許可なく上司のウィルキンズはワトソンとクリックに見せてしまった。X線回折写真を見たワトソンは，DNAが二重らせん構造である確信を得たと後に書き記している。この事件はウィルキンズとフランクリンの不仲が要因にあるともいわれているが，物理学に通じていたフランクリンにとってDNAの構造が遺伝情報とその複製機構に繋がる大きな意味があることに強い関心はなかったようである。事実，彼女は彼らの論文にクレームを付けることなく，ワトソンとクリックの論文（1953年4月25日付）のすぐ後には，フランクリンと当時の上司であるウィルキンズの論文が続いて掲載された。

図Ⅱ－4　ロザリンド・フランクリン

1962年ワトソン，クリックとウィルキンズの3人は，そろってノーベル生理学医学賞を受賞した。「DNAの二重らせん構造の発見とその意義」が受賞理由であった。しかし，その受賞者の中に，フランクリンの名はなかった。彼女は1958年，37歳の若さで他界していたのである。フランクリンがもしも生きていれば間違いなく受賞候補者の一人であったといわれる。もしかすると一番の功労者だったかもしれない。ちなみにノーベル賞は受賞時に生存していて3人以内であることが条件であり，亡くなった彼女にはそもそも受賞資格はなかったのである。

この事例は，今日においても女性研究者の学界や研究室での位置づけ，研究者間での確執，研究のアイデアとその実験・観察を通じた実証の担い手，結果の解釈等々，科学研究の現実を教えてくれるものでもある。

（2）　DNAと遺伝情報の伝達

DNAの構造と複製の仕組みの発見は，20世紀半ばのことであるが，21世紀初頭ではDNAの塩基配列の決定は最も速いDNA解析装置を用いれば，ヒトの全塩基配列を1週間程度で決定する技術まで進歩を遂げている。

DNAは，今ではしばしば耳にする科学用語であるが，このDNAはヒト（人間は生物学的にヒトと表す）を含むすべての生物の細胞に含まれ，遺伝物質であることを明らかにしたのがワトソンとクリックである。

そして，遺伝情報とは，DNAに記されたタンパク質を構成するアミノ酸配列の並び順を暗号化したものであり，塩基配列の並び順で表されたタンパク質を構成するアミノ酸の種類と数の情報である。アミノ酸の数と種類を正確に次の世代に受け渡すシステムがDNAの複製であり，細胞分裂などにみられる染色体の分配機構といえる。

DNAの情報は，4種類の塩基の並び順であり，この順序と数が少しでも違ってしまうと，情報は全く失われるか，アミノ酸の種類や順番がずれてしまうことで正確なタンパク質が合成されなくなる。この不正確な読み違えはタンパク質の機能を失ったり，他の機能を阻害する物質を生み出す危険性もある。正確な遺伝情報の複製と継承(生殖細胞によって，次世代へ受け継ぐこと)が約束されなくてはならない。その仕組みは以下のようである。

DNAは4つの塩基がたとえば，アデニン(A)にはチミン(T)が2つの水素結合で対を成す，一方グアニン(G)とシトシン(C)は3つの水素結合により対を成す対応関係がある。したがって，AAATCGTCCCGGGT→という一方のDNA配列があったとすれば，相補鎖を形成するもう一方のDNA鎖はTTTAGCAGGGCCCAの相補配列(A－T，G－C)が内側向きに，それぞれ水素結合で2本鎖DNAを形成する。DNA鎖は合成される方向性があり2本のDNA鎖は互いに逆向きに伸長する(合成が進む)一般的に主鎖は，合成方向を左から右へ表す決まりがある。これに対して相補鎖は逆向きであるから，前述の相補鎖は実際には末尾のACC→の向きにDNAの合成が進む。DNAはデオキシリボース(糖)とリン酸と4種類の塩基で構成されている。糖とリン酸が外骨格を形成し，糖の構成元素である炭素の番号を基に1'から5'がある。DNAの複製の際の伸長方向は5'末端から3'末端方向に伸びる。糖とリン酸の結合方向がDNAの方向性を決めている。DNAの2本鎖構造は互いに5'末端から3'末端への方向が逆向きに巻き付いて二重らせん構造を形成している。DNAの複製は，第一段階として，2本鎖の結合部を形成する塩基対の水素結合がほどけると，2本鎖は分離して1本鎖のDNAとなる。第2段階としてそれぞれの1本鎖DNAは，それぞれ逆方向に複製が進むが，塩基配列は互いに鏡像対象であるから互いに元の配列を複製して2本鎖DNAが2本できる。これをDNAの半保存的複製という。

DNAの2本鎖を結合しているのは，らせん構造の中心部で塩基が水素結合により2本の鎖を結びつけているが，ワトソンはDNAに含まれる塩基の量比に法則がある(シャルガフの法則)ことがDNAの構造に関係することに気がついた。AとTおよび，GとCは相対する対構造を成すため，常に同じ比率でDNA中に存在する。これがDNAの塩基はAとT，GとCが対を成す意味である，DNAの構造と遺伝情報の意味を解き明かすきっかけとなった。

(3) 遺伝子工学の誕生

遺伝子工学は，ある生物がもつ特定の遺伝子やその一部の断片あるいは人工的に合成したDNAを別の生物の遺伝子に組み込ませ作動させ，そこからタンパク質をつくらせる技術である。この研究は1972年に，アメリカ・スタンフォード大学のバーグ(Paul Berg, 1926-)によってはじめて行われた。遺伝子工学は，まず特定のDNAを切断する必要がある。このいわば遺伝子のハサミの役割をするのが制限酵素(エンドヌクレアーゼ)とよばれる酵素である。これはDNAの塩基配列の特定の並び方を認識して特定の部位を切断する。元来は，ウイルスが外部から侵入してきたDNAを切断して自己を防御するために備えていた酵素である。現在，300種以上の制限酵素が知られているが，必ずしもそのすべてが実際の遺伝子工学に利用されているわけではない。

次に制限酵素で切断したDNAの断片を別の遺伝子に組み入れる。これには，遺伝子のノリの働きをする「連結酵素(リガーゼ)」を使う。これによってDNAの断片同士が結合される。こうして合成された遺伝子を小さな環状のDNAであるプラスミドやある種のファージを使って特定の細菌や細胞に運び込ませる。この運搬の役割をするものを「ベクター(vector)」とよんでいる。遺伝子工学では，大腸菌に人工的に合成した遺伝子を導入することが多いが，枯草菌や酵母も利用される。新たな遺伝子が組み込まれた細菌や細胞は増殖して，この遺伝子を増やしてくれる。こうして生殖を経ずに無性的均一な遺伝子を増殖されることを，遺伝子の「クローニング(cloning)」とよんでいる。

糖尿病の治療薬として利用されるインシュリンや小人症への治療効果がある成長ホルモン，抗がん剤としての働きが期待されるインターフェロン，血栓症の治療薬のウロキナーゼなどは，本来，我々の体内で合成している重要な物質だが，ごく微量しか産生されず，非常に付加価値が高い。遺伝子工学はこうした医薬品の製造に用いられることから実用化が始まった。

遺伝子工学の基本的な技術が開発された当初は，研究者の想像を超えた有害な新生物ができ自然界に影響を及ぼす可能性が懸念されていた。生物災害(バイオハザート)の問題である。そこで1975年2月，アメリカ・カリフォルニア州のアシロマに17か国から140名の生物学者が集まり，この技術の潜在的危険性や将来の見通しについて議論を行った。「アシロマ会議」とよばれる。そして，アメリカを中心に各国では，政府機関の主導のもとに実験を遂行する際のガイドラインが設けられた。それを受けて日本でも1976年以来，「科学技術会議」が検討を重ね，1979年8月には「組換えDNA実験指針」が発表された。当初は，かなり厳格な内容であったが，それ以降，予想したほどの危険性は認められなかったこともあり，徐々に改訂され規制も実質的に緩和される方向に進んでいる。

組換えDNA実験指針

第1章　総則

第1　目的

本指針の目的は，組換えDNA研究の推進を図るため，組換えDNA実験の安全を確保するために必要な基本的要件を示すことにある。

1. 「組換えDNA実験」とは，酵素などを用いて試験管内で異種のDNA（遺伝子の本体であるデオキシリボ核酸)の組換え分子を作成し，それを生細胞に移入する実験(組換え体を用いる実験を含む)をいう(ただし，移入され生細胞が自然界に存在する場合は除く)。
2. 「組換え体」とは，組換えDNA実験の結果，DNAの組換え分子を移入された生細胞をいう。

第2　定義

この指針の解釈に関しては，次の定義に従うものとする。

3. 「宿主」とは，組換えDNA実験において，DNAの組換え分子を移入される生細胞をいう。
4. 「ベクター」とは，組換えDNA実験において，宿主に異種のDNAを運ぶDNAをいう。

5.「宿主－ベクター」とは，宿主とベクターの組合わせをいう。

第2章　封じ込めの方法

第1節　物理的封じ込め

第1　物理的封じ込めの目的等

1. 物理的封じ込めの目的は，組換え体を施設，設備内に閉じ込めることにより，実験従事者その他のものへの伝播及び外界への拡散を防止ししようとするものである。

2. 物理的封じ込めは，封じ込めの設備，実験室の設計及び実施要領の3要素からなり，その封じ込めの程度に応じ，P1，P2，P3，及びP4の4つのレベルに区分される。

Ⅱ－2　生命現象の産業化

（1） PCRの原理

PCRとは，ポリメラーゼ連鎖反応(Polymerase Chain Reaction)の頭文字で表された，合成反応のことであり，DNAの片方(1本鎖DNA)を鋳型にして相補鎖を人工的に合成する化学合成反応のことである。しかし，この合成反応は単に鋳型を基にDNAを2倍に合成するのではなく，連続的に一連の反応を繰り返すことで，短時間に指数関数的にDNAの増産を可能にした画期的方法である(図Ⅱ－5)。

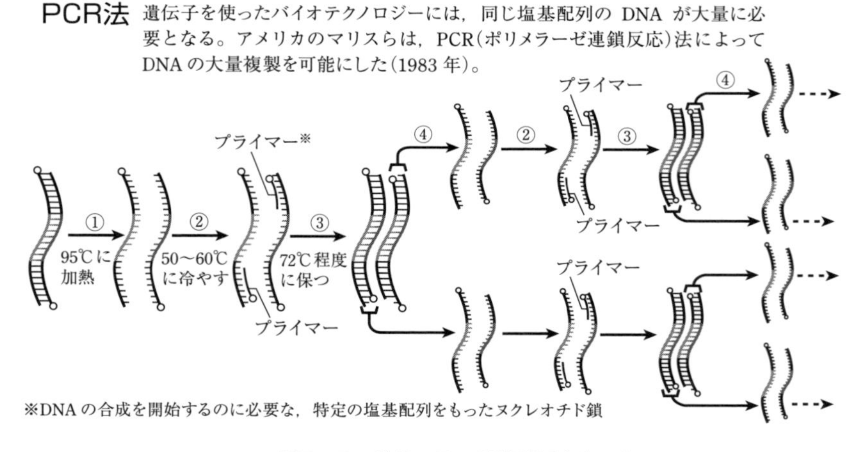

図Ⅱ－5　ポリメラーゼ連鎖反応(PCR)

このPCR法の原理は，マリス(Kury Banks Mullis, 1944-)により考案された。彼は「PCR法の原理の提唱と波及効果」により1993年ノーベル化学賞を受賞している。しかし，マリスは多くの自然科学の研究者とはかなり異なる人物であることが，彼の自叙伝『マリス博士の奇想天外な人生』に述べてられている。彼の型破りの人生の話はこの書に譲るとして，マリスがひらめいた画期的な論文は，一流の国際科学雑誌からは掲載を拒否された。それはマリスがカリフォルニア大学バークレー校の生化学の大学院時代の1968年にNature誌に投稿した「時間逆転の宇宙論的意味」という宇宙に存在する物質の半分は時間を逆行している，という内容の論文が受理された。ところが，彼の生化学の専門とは異なる分野のこの論文はデタラメだったのである。Nature誌はすぐにはこの間違いに気がつかなかったが，やがて専門家からの問い合わせで虚偽の内容であったことが判明し，取り消しとなった過去があった。

科学者の世界では一度の過ちが致命的になる場合がある。マリスの場合も過去の過ちにより彼の論文に対する信頼は失われていたと考えられる。特に速報性と影響力の大きい多くの研究者に読まれる一流の科学雑誌は，編集者がレフェリーとよばれる専門家に論文の査読に回すことなく却下することが多く，論文の精度についての検討前に掲載を拒否された可能性がある。結局，彼の論文は別の雑誌に掲載されたことが，ノーベル化学賞の受賞につながりPCRの原理とその後の影響力の大きさを正当に評価されたといえる。原理の説明の前に，PCRがもたらした多角的な応用は現在進行形で活用と発展を続けている。インフルエンザの感染の有無の検出法やDNA鑑定，ゲノム解析など枚挙にいとまがない。

DNAは遺伝情報としてアミノ酸配列を情報として記憶させた生物独特の暗号といえるが，ヒトのDNAの解読も2003年に一応の解読が完了した。このDNAの塩基配列の解読にはPCR法はなくてはならない方法である。塩基配列の解読には，目的の塩基配列をできるだけ多く増やしておかなければならない。PCR法が開発される前は特殊な環状のDNAを使って配列を調べたいDNAの断片(500～1, 000塩基)を組み込ませる。この環状DNAを「プラスミドDNA」とよぶ。大腸菌に取り込まれたプラスミドDNAは，大腸菌の増殖と同時に大腸菌内で複製され大腸菌の数だけ増加することになる。この方法をクローニングというが，この方法は手間と時間がかかる方法であった。クローニングではさらに，プラスミドDNAを大腸菌のDNAから分離，精製する過程がさらに必要である。

サイクル	コピー数
1	2
2	4
3	8
4	16
5	32
6	64
7	128
8	256
9	512
10	1024
11	2048
12	4096
13	8192
14	16,384
15	32,768
16	65,536
17	131,072
18	262,144
19	524,288
20	1,048,576
21	2,097,152
22	4,194,304
23	8,388,608
24	16,777,216
25	33,554,432
26	67,108,864
27	134,217,728
28	268,435,456
29	536,870,912
30	1,073,741,824

指数関数的増幅

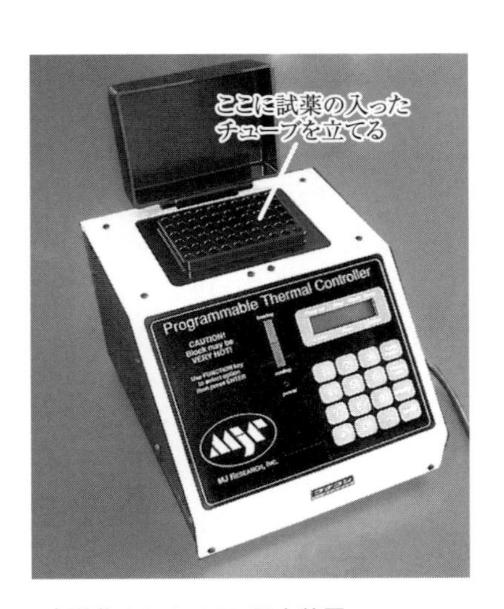

図Ⅱ－6　自動化されたPCR反応装置

ところが，PCR法はこうした面倒な作業の代わりに，2時間あまりで目的のDNA断片だけを10億倍に増幅できる画期的方法であった(図Ⅱ－6)。PCR法は良く知られたDNAの複製の仕組みを利用した酵素反応を繰り返せば，DNAを大量に合成できるのではないかという発想が素晴らしいといえる。その原理を以下に示す。

PCRシステムの根幹は，1本鎖のDNAを鋳型として，DNAポリメラーゼという酵素とDNAの基質から2本鎖のDNAを合成する生体内のDNA複製の模倣である。はじめに2本鎖のDNAを高温(95℃)で1本鎖DNAに分離させ，次に温度を下げ(60℃など)，鋳型DNA配列の相補鎖のプライマーとよばれる断片を加えておくと，プライマーが結合して部分的に2本鎖を形成する。次に酵素反応によりDNAの伸長反応に適した温度(72℃)に上昇させると，この部位にDNAポリメラーゼが結合しDNAの合成反応が進む。DNA合成は，5’から3’方向に2本鎖DNA合成が伸長していく。

DNAの複製と同じ原理で相補鎖の塩基配列を基に，正確に反対側の塩基配列が合成されるので，片側に分かれた鋳型DNA（1本鎖DNA)をもとに2本鎖DNAが2倍合成できる。鋳型DNAの末端まで合成が進んだ2本鎖DNAを再度，高温(95℃)で1本鎖DNAに分離させ，温度の上下を繰り返すと合成された2本鎖DNAが，それぞれ鋳型の1本鎖となるので2サイクルで4倍，3サイクルで8倍，4サイクルで16倍と，回数を繰り返すごとに指数関数的に鋳型DNAが増加する。この反応を30回繰り返すと1サイクルで2倍できた鋳型DNAは，30サイクル(約2時間)で10億倍に増幅する。

反応基質と鋳型DNAそれに酵素をあらかじめ加えて温度の上下を繰り返すことで反応時間と反応の適温が調節でき，一本の反応チューブの中で短時間にDNAの増幅が可能となった。しかし，PCR法にはこのシステムを可能にした高温耐性酵素の発見が，この画期的なDNA合成システムの自動化に不可欠であった。その酵素は，Taq（タック)ポリメラーゼという酵素で95℃以上の温度でも酵素活性が失活しない熱に強い酵素の発見により実用可能となった。一般の酵素は60℃以上の温度で熱変性により活性を失うが，Taqポリメラーゼは安定でDNA合成反応が可能である。

マリスがPCR法の原理とその反応装置(サーマルサイクラー)の開発を思い立った理由は，彼の趣味が少なからず影響している。マリスはサーフィンが趣味で研究開発の仕事を残業してもこなすタイプではなかった。自分が好きなサーフィンをしている間に，DNA合成を自動的に行う装置はできないだろうか，と考えていた。その結果彼の中に浮かんできた独創的なアイデアがPCR法であった。マリスはもともと，コンピュータを使った情報処理の自動化システムの構築が得意であった。PCR法はコンピュータの計算のように，DNAがみるみる増幅(倍増)する方法なのである。さらに，プライマーは特定の塩基配列に対応するので，目的の塩基配列が解っていれば，特定の配列だけを増幅させることができる。そして，サーマルサイクラーという自動反応温度システムの開発がPCR原理の結実といえる。

(2) DNA 鑑定

近年，ヒトゲノム解析が完了し，種の保存の目的から多くの生物種のゲノム解析が進行中である。また，絶滅危惧種やすでに絶滅した生物のDNAさえも保存されており，生物の遺伝情報が如何にかけがえのない財産であるかが理解されてきた。

すべての生物は，DNAの遺伝情報により増殖し形がつくられ，多種多様な機能と形体を保持している。その中には生物種の特徴を示す遺伝子も含まれており，生物がどのようなグループに属するか，どの生物を起源として様々な種類の生物が進化の過程で生じてきたか，といった系統関係もDNAにより探ることができる。

一方，個体識別の観点から，DNAの塩基配列は，生命活動の機能に関わる遺伝子の情報以外の情報も書き込まれた，いわばバーコードのようなものである。スーパーやコンビニの商品にはすべてバーコードが表示され，バーコードの暗号には，製品名や製造月日以外に，どこの工場でつくられ，価格はいくらで，賞味期限はいつまでかなど，様々な情報が書き込まれている。塩基配列は一見，単なるAとTとCとGのランダムな羅列に見えるが，塩基配列は様々な情報を含んでいる。したがって，我々はすでに個別認識用の背番号を割りふられているともいえる。

生物にもそれが動物であるのか，植物であるか，もしくは菌類であるかといった生物の特徴を示す情報(遺伝子)だけでなく，同じ種でも産地の違いにより遺伝子以外の塩基配列の特定箇所に，数塩基の違いが生じていることで，何という銘柄のブランド米であるとか，特定のブランド牛など判別することも可能である。このような，判別を可能にしたのは，生物1個体1個体のDNAの塩基配列の違いを識別し区別する方法が開発されたことによる。それらを総じてDNA (型)鑑定という。

1985年，レスター大学のジェフリーズがNature誌にその後のDNA鑑定のきっかけとなる論文を発表した。その論文は，「ヒトのDNAは個性があり，終生不変である」ことに着目し，これが個体識別に活用できることを示していた。

商品のバーコードの読み取り機に相当するDNA配列の読み取り装置の進歩により，特定の繰り返し配列とその長さ(繰り返しの回数)に個人差があることを利用した，フラグメント(断片)の長さを比較する方法や，DNAの1塩基の違いを検出できるまでに進歩した。DNAによる鑑定は様々あるが，2種類の鑑定方法がしばしば利用されている。一つは従来型のやや厳密性にかける方法で，STR法とよばれるDNAのある特定の繰り返し配列の長さの違いを比較して，同一人物であるか否かを判別する方法である。二つ目は次世代のDNA鑑定であり，東日本大震災により身元の特定ができない遺体について，警察庁も検討に入ったというSNP法である。

DNA鑑定は個体識別の有効な手段であり，犯罪においては遺留品に残された被疑者のDNAを判別し，容疑者を特定する場合に科学警察によって用いられる手段である。また，親子判定においても，しばしばDNA鑑定が利用されている。親子判定においては，血液型だけでは決定的な判別はできない。たまたま同じ血液型の他人もいるからである。そこでDNA鑑定となる。個人特定の切り札として進歩を続けている。

DNAは生物学的に同種の場合，共通の遺伝子は種により保存されており，DNA

の配列に大きな違いがない。さらに親子，兄弟については起源が同一の遺伝子を保有しているため，塩基配列がすべて一致する。例えば，お父さんが酒に強い(アルコールに強い)家系では子息やそのきょうだいも酒に強い場合がある。これはアルコールを分解する酵素のDNA配列が遺伝しているからである。同じ家系の家族には先祖から受け継いだ同じ遺伝子が保存されている。しかし，お母さんは別の家系の人であり，必ずしもアルコールに強いとは限らない。このようにDNAは個体の特徴とともに，系統関係も推測が可能である。しかし，ヒトの全DNA（総塩基配列数；30億塩基対）に占めるヒトの遺伝子の割合は，わずかに1.5%である。イントロンという遺伝子としての意味をもたない領域が25%，偽遺伝子(シュードジーン)が11%，マイクロサテライトとよばれる短い繰り返し配列の領域が約18%を占めており，残りの44%は散在反復配列(ゲノムの塩基配列で，同様の配列が連続的ではなく分散してあちこちにみられること)からなる。

実は，DNA鑑定では，このマイクロサテライトとよばれる短い繰り返し配列の領域が識別のバーコードとして用いられる。生物の機能や形態形成に必要な遺伝子は種を特定する要素であり個体差はない。同種の生物，たとえばヒトの場合，両親やきょうだいだけでなく，友人でさえも，種名はヒト(*Homo sapiens*)であり同じ遺伝子を持ち，個体識別ができるほどDNAの塩基配列に違いがあるわけではない。

そこで，DNAの塩基配列の中で18%以上を占めるマイクロサテライトの塩基配列に注目すると，この領域はSTR（Short Tandem Repeat)法とよばれる2～4塩基を単位とする塩基配列が数回から数十回繰り返した領域で染色体全体に分布して存在する。この反復配列はたとえば，CAリピートとよばれるC（シトシン）とA（アデニン)が，反復している部分があり，繰り返しの回数には個人差が生じている。ただし，親やきょうだいなど近い類縁関係にある間では，この違いが小さいが，繰り返しの数に個人差が生じている。たとえば佐藤さんの家系では25回繰り返しがあるが，田中さんは20回の繰り返しであったとすると，繰り返しのDNAをPCR法により増幅すると増幅される長さは，その家系ごとに差が生じる。この長さの違いは，個体ごとに，一生通して変わることがなく，終生不変の個人情報であり，電気泳動法(DNAを閉じ込めた寒天状のゲルに電気を流し，DNA分子の大きさをふるい分ける方法)によって比較することができる。その結果，同一人物か別人かを判別できる。

しかし，STR法は絶対的な判別法ではない。繰り返しの領域は何か所もあるがすべてを比較する訳ではないので，例えば，佐藤さんと田中さんは別人と判断されても，鈴木さんは佐藤さんと同じ繰り返しももっていた場合，同一人物と見なす危険性もある。したがって，厳密には複数のSTR領域を解析することで個人の特定を行なう必要がある。ただし，比較する個人のDNAは，破壊されていては検査できない。東日本大震災において被災した多くの身元不明の遺体のDNA鑑定はDNAの損傷が大きくSTR法では判別が困難であるとされた。そこで，STR法の問題点を克服する手法として，SNP（Single Nucleotide Polymorphism; スニップ)法，1塩基多型を用いる鑑定法が主流となってきた(図Ⅱ－7)。

STR法(比較可能の配列は十数か所存在する)

GGC -～　～　～- GGC - GGC - GGC - TCC ----------　一致

GGC -～　～　～- GGC - GGC - GGC - TCC ----------

GGC -～　～　～- GGC - GGC - GGC - GGC - TCC----------　不一致

SNP法(比較可能の配列は数10万か所存在する)

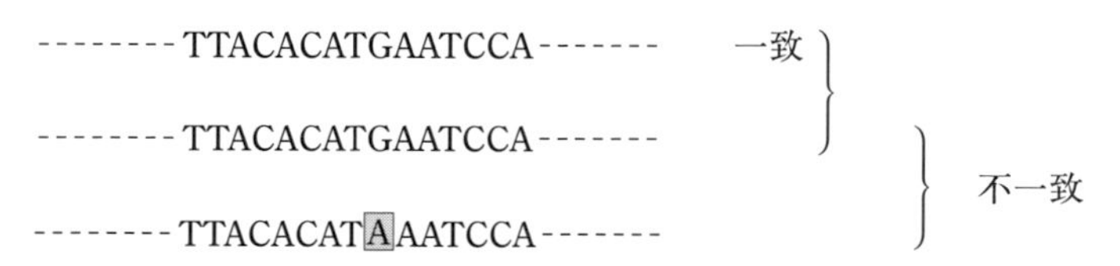

図Ⅱ－7　DNA鑑定法

1塩基多型の例としては，アルコールの分解に関わる酵素の遺伝子における1塩基多型がある。アルコールは，アルコール脱水素酵素により酸化され，アセトアルデヒドができる。このアセトアルデヒドは，さらに酸化され，アセトアルデヒド脱水素酵素により酢酸となる。この際，アセトアルデヒド脱水素酵素はアセトアルデヒド脱水素酵素遺伝子(ALDH)により産生される遺伝子産物であるが，ALDH遺伝子にスニップ(1塩基多型)が生じると，正常な酵素の遺伝情報ではGAAの3つの塩基で表されるコドンは，グルタミン酸というアミノ酸を表すが，最初のGがAに1塩基置換が生じると，AAAの3塩基に変わり，AAAはリシンというアミノ酸を表すので，正常な酵素のグルタミン酸から→リシンへとアミノ酸が変化してしまう(1塩基の変異により，変異型(M)となる)。この1塩基の違いにより，酵素活性が低くなりアセトアルデヒドを分解しにくくなる。酵素活性が高い人(正常型(N)の人)がアルコールに強い人である。アセトアルデヒドは有毒であるため，分解できないと中毒症状を生じて急性アルコール中毒になるケースもある。この酵素はアミノ酸にして500個ほどの酵素であるが，その中で一つのアミノ酸がグルタミン酸からリシンになるだけの，それも塩基にしてGからAへの1塩基の違いに過ぎないが，この違いが酵素の活性を左右し，さらにアルコールの強い人，弱い人の違いとなって表れる。我々は，両親からそれぞれ染色体を1セットずつもらっているから，このALDH遺伝子も2セット持っている。この遺伝子の多型として，N/N，N/M，M/Mの3つの多型の可能性が考えられる。N/Nは両親からどちらも正常型(N)を受け継いでいる場合であり，いわゆるアルコールに強いタイプである。そして，M/Mは，2つの対立遺伝子のどちらもアルコールの分解の活性が低くアルコー

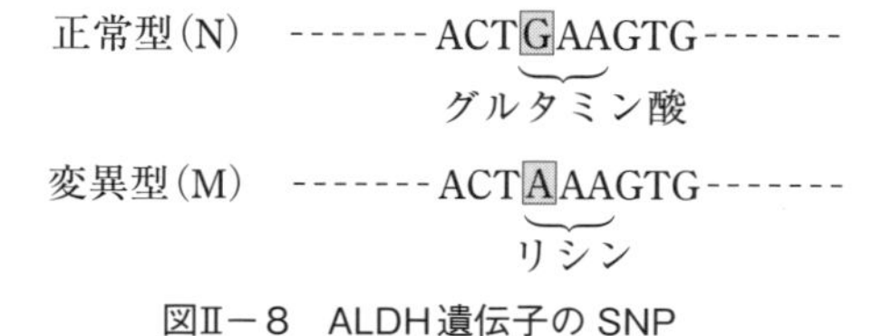

図Ⅱ－8　ALDH遺伝子のSNP

ルに弱い人となる。DNA鑑定においても，この1塩基の置換による比較解析が用いられるようになってきた。

従来，広く用いられてきたDNA鑑定法は，STR法であった。STR法はヒトのDNAの中で同じ配列が複数回繰り返されている領域を目印として，この繰り返しの回数が個人によって異なること，1個人のDNA配列は一生変化しないことを利用した方法であった。しかし，STR法は微量のDNA量しか採取できない場合や試料の劣化(白骨化した死体など)によるDNAの分解が進んだ試料では途中でDNAが切れていたり，失われていることもあり検出が困難であった。一方，SNP法はDNAの塩基配列そのものにある塩基一つ一つの違いを比較する方法である。この場合，PCR法により特定の領域を増幅できれば，全体のDNAが一部破損していても塩基の違いの比較が可能である。また，PCR法により微量のDNAからも大量に増幅ができることから，わずかな組織や細胞，血液があれば，同一人物ならば100％塩基配列は一致する。しかし，他人の場合は，塩基配列に1塩基多型が生じていれば，複数箇所でこの違いが検出され別人として判別できるのである。SNP領域は300万～1, 000万か所あるといわれており，DNA指紋として個人の認証に用いられる可能性もでてきている。このような個人認証としてDNA鑑定法が用いられるようになると，犯罪捜査における時効制度も見直す必要が出てくるであろう。犯人の特定は証拠として残されたDNA指紋(DNA鑑定による人物の特定)と照合できれば，時効が必要なくなるかもしれない。

(3) ヒトゲノム計画・ゲノムビジネス

ヒトゲノムという語に含まれる「ゲノム(genome)」という語は，ドイツで1920年代から使われていたが，日本ではコムギの起原の研究で知られる木原均(1893-1986)の定義がよく知られている。「7個からなる染色体の一組をゲノム(Genom)と名づけた」という。

国際的には，アメリカ議会技術評価局(OTA)報告書「ヒトゲノム解析計画　遺伝情報を解読する巨大プロジェクト」(Congress of The United States, Office of Technology Assessment Mapping Our Genes The Genome Projects: How Big, How Fast? 1990)にみられる「個々の生物の染色体にある遺伝情報物質全体のひと組を，その生物のゲノム(genome)と定義する」が使われている。

ゲノムは，遺伝子(gene)と染色体(chromosome)の合成語で，実質的OTAのこの定義からゲノムの語が普及するようになった。そして，1990年4月，アメリカ保健研究所(NIH)とエネルギー省(DOE)が，ゲノム解析に関する5年計画発表。ヒトゲノム計画(Human Genome Project)がスタートした。それ以降の動きを時系列的にまとめると次のようである。

1999年12月　ヒトの第22染色体の全塩基配列を解読した報告がNature誌に掲載される。

2000年6月　アメリカ・クリントン大統領がホワイトハウスにおいてヒトゲノ

ム計画の概要を発表し，その中で「人類は最も重要ですばらしい地図を手に入れた」と述べた。イギリスのブレア首相もロンドンから衛星生中継でこの発表に参加した。ただし，日本はこの式典に招聘されなかった。

2001年2月15日号　「ネイチャー」誌の特集「ヒトのゲノム（the human genome）」にヒトのゲノムの全体像が発表された。論文としては，国際ヒトゲノム配列コンソーシアルムが名で48機関名245名が著者として挙げられ，「ヒトゲノムの配列と解析（Initial sequencing and analysis of the human genome）」と題するものであった。日本関係では，理化学研究所ゲノム科学センターで10人。慶応義塾大学医学部分子生物学教室で3人が名を連ねている。

2001年2月16日号　アメリカの「サイエンス」誌の特集も「ヒトのゲノム（The Human Genome）」であった。論文としてはベンター（Venter, J. C. 1946 － ）を筆頭著者とし，題名は「ヒトゲノムの配列（The Sequence of the Human Genome）」である。セレラゲノミクス社を中心として14研究機関267名。あきらかな日本人名は1人のみである。

2003年4月14日　ゲノムのもつ遺伝情報の意味の解読完了とはいえないが，ヒトゲノム全配列決定の終了宣言が出された。終了宣言の際，アメリカ・エンコード（ENCODE：Encyclopedia of Human DNA Elements）計画をスタートさせた。ゲノム上の遺伝子領域や転写調節領域などゲノム機能を明らかにする計画（完全解読完了したヒトゲノムの配列にDNA機能情報を全ゲノムにわたり網羅的に書き込む（アノテーション）する計画）がある。

次に日本の場合をみておこう。

2000年2月　日本学術会議の公開講演会が開催される。テーマは「「ゲノム科学」の課題と統合的研究推進のための共同体制を考える」であった。日本学術会議生化学研究連絡委員会，分子生物学研究連絡委員会，生物物理研究連絡委員会の三研連と日本生化学会，日本分子生物学会，日本生物物理学会の共催で講演会が行われる。「ゲノム科学とは，遺伝子のセットにより生命の多様性と一連のシステムを総合的にとらえること」，「ゲノム研究には配列情報の生産，実験的機能解析，情報科学的解析，結晶化・X線解析などの自動化を含めた技術開発，の4つの柱がある」，「ゲノム研究は社会に対して色々な面で接点を持っている。倫理的課題，経済的課題，国際的課題」があることなどが話題になる。

2000年度「ミレニアム・プロジェクト」　政府が3年間で1兆2千億円投入していく。「バイオ団地」が形成される。バイオ団地で地域振興を考えているところが2000年以降に顕著になる。「東京湾ゲノムベイ」と「関西バイオクラスター」を核にして，全国で20か所以上に設ける。

2000年5月　慶応義塾大学医学部清水信義チームら内外4チームでヒトの第21染色体の塩基配列解明を完了する。

2000年6月14日　科学技術会議生命倫理委員会「ヒトゲノム研究に関する基本

原則について」において全27の原則を定める。

2003年2月23日　「医学を志す君たちへ　ポストゲノム時代の医療　～医師の視点，患者の視点～」が東京ビックサイト国際会議場で開催される。基調講演で高久文麿(自治医科大学学長)が，DNAの塩基配列を医療現場で生かす「ポストゲノム時代」，高度先端医療，高齢社会，患者の権利意識，医療経済を重視する必要があると述べる。

ヒトゲノム解読終了時に明らかになったこととして，当時，「ヒトゲノム機構(Human Genome Organization: HUGO)」の会長を務めた，榊佳之(東京大学医科学研究所教授兼理化学研究所ゲノム科学総合研究センターディレクター)は以下の点を挙げている。

ヒトの遺伝子は約32, 000種類(当初予想約10万種。後に，さらに減少する。Nature誌の2004年10月21日号では約22, 000種)遺伝子の約80%はほとんどの生物に共通している普遍なもの。ゲノム全体でタンパク質をコードする領域は，2～3%で残りの半分は同じ配列が繰り返される「反復配列」。遺伝子が特に少ない領域はゲノム中に広く存在し全体の20%に相当し「遺伝子砂漠」とよばれる。

また，榊は，この事業の意義について，ヒトとチンパンジーとの違いは，1.23%であった。人種間よりも人種内の方が変異が大きい。男性の方が女性よりも突然変異率が2倍高い。塩基1, 000文字当たりに1文字，全体で数百箇所違いがあることなどが明らかになったことから生命科学の進歩の象徴としている。

そして，今後のゲノム研究の目標は，医療や暮らしを豊かにする産業への応用が考えられるが，応用だけを念頭においてもだめであること。研究の基盤となるデータを出すプロジェクト的研究組織と免疫や再生医療，脳などの生物学の先端を走る個別分野の研究組織の連携が必要であることなどを述べている。さらに，市民生活上の課題として，遺伝子の重要性を強調し「遺伝子の位置付けがゆがんでしまったかもしれない」。「現場で患者に説明して理解を得て，というところがまだまだ努力が足りない」。「あらぬことまでわかってしまうのでないかという不信感がある」ことを指摘した。としていた。

ヒトゲノム計画は生命科学初めての目標達成型の超大型プロジェクトであり，個別発見型であった生命科学をビックサイエンスに変えた。3,000人を超える研究者，技術者が関与したものである。また，データの即時無償公開を行ったことも画期的であった(朝日新聞2003年4月20日付)。

21世紀の変わり目頃から，ヒトゲノム計画と並行して，ヒト以外の生物のゲノム解析が進められた。ゲノム解析完了年は，以下の通りである。

1995年：インフルエンザ菌
1996年：ビール酵母菌
1998年：線虫(多細胞生物初)

2000年：ショウジョウバエ，シロナズナ
2002年：マウス，イネ
2003年：ヒト
2007年末まで　約600種のゲノム解析が終了（モデル動物のゲノム配列：乳酸菌，ウニ，ゼブラフィッシュ，イヌ，ブタ，カイコ，蚊，なども含まれる）

ゲノム解析はゲノムの構造解析と捉えられ，これからはゲノムの機能解析も必要とされた。「機能的ゲノム動態解析（Functional Genomics）」とよばれる。ゲノム研究は，世代ごとに特徴付けられている。第1世代はゲノム解析，第2世代は機能的ゲノム動態解析，第3世代はプロテオームである。セントラルドグマ（中心教義）として，DNA→DNA→タンパク質という生命情報の流れを探求しようとした1960年代以降の分子生物学の21世紀での姿である。

さて，2000年前後から，塩基配列決定それ以降は「ポストゲノム」時代とよばれるようになった。日本では，「ゲノム戦争には負けたが，ポストゲノムは勝ちだ」のスローガンがみられるようになった。ゲノムデータからバイオインフォマティクス（生命情報学）を活用して，核酸の塩基配列分析から有用情報を探求していこうという戦略である。ゲノム構造学からゲノム機能学へという言い方もある。ゲノムからトランスクリプトーム（すべてのmRNA），プロテオーム（すべてのタンパク質への現代版セントラルドグマともいえる考え方である。細胞内のタンパク質を網羅的に解析することを目指している。

なかでも，単一ヌクレオチド多型（SNP：Single Nucleotide Polymorphism）が注目された。核酸分子の内部でその存在がしばしば確認されるが，それ自体では遺伝子の機能が変わることがない物質である。「ありふれた疾病」と関連する可能性があるともいわれる。生活習慣病としての糖尿や痛風，アルツハイマー型認知症などの疾病感受性遺伝子の同定が進められているが，ヒトゲノムには，300万から1,000万のスニップス（SNIPs）があると推定されている。SNIPsの解析は，DNAチップを使って行われている。21世紀の変わり目あたりの動向を年表風にみておこう。

1999年4月　アメリカ・イギリスでSNIPsコンソーシアムが結成された。2年間で4,500万ドルを投入し，30万種のSNIPsを発見し，ゲノム上の位置付けを行う計画である。
1999年6月　つくば市でSNIPsに関する国際会議開催された。日本人・アジア人に特有なSNIPsの発見をねらう。
2000年9月　日本製薬工業協会，フェルマ・スニップ・コンソーシアム結成。製薬協43社，理化学研究所，東京女子医科大学，東京工業大学，薬物動態関連遺伝子のSNPの同定と頻度の解析
2002年10月　SNIPs地図を作成するための国際的プロジェクト発足。ヒトゲノムの多様性解析計画やゲノムの多様性から創薬の標的遺伝子の抽出を狙うも

のである。ゲノムビジネスには，ゲノムのデータベース提供を目指すものと創薬を目指すものがある。次第に後者に関心が深まる傾向がみられる。

2003年3月　フェルマ・スニップ・コンソーシアム，チトクロームP-450等の遺伝子について，ボランティア784人のDNAによるSNP解析終了した。産学官連携プロジェクトが開始された。SNP探索共同プロジェクト（文部科学省）や標準SNPs解析事業（経済産業省）である。

2000年7月　イギリス・バーミンガムで「国際生化学・分子生物学連合（IUBMB: International Union of Biochemistry and Molecular Biology）（62か国の連合体）が開催された。そこでのキャッチフレーズは「ゲノムを超えて（Beyond the Genome）」であった。ゲノム解析から「ゲノムの支配を受け，特定条件下で発現している全タンパク質群が，1個の細胞内にどのような編成および機能様式によって配置され，代謝活動にかかわる総合情報」としての「プロテオーム（Proteome）」研究の必要性が提唱された。

2001年2月　「ヒトプロテオーム機構（The Human Proteome Organisation: HUPO）」設立され同年10月，アメリカ・バージニア州で第1回HUPOワークショップが開催された。HUPOは世界的な非営利組織である。プロテオームに関する知識を広めるための研究，教育活動を展開する。公的なプロテオーム研究を支援することを確認した。

2002年2月　日本HUPO発起人会が発足した。同時期に，「ヒトプロテオーム学会」が開催され，プロテオームを解析することを「プロテオミクス（Proteomics）」とよぶとした。2002年にノーベル化学賞を受賞した田中耕一（1959-）が開発した生体高分子の質量分析法の一つである「電子噴霧イオン化（electro spray ionization）」もこの多次元質量分析として位置づけられる。

こうした動向から，「テーラー（オーダー）メイド医療（個人別医療）」とよばれるこれからの医療の方向が提唱されるようになった。疾病関連遺伝子や創薬ターゲット分子・遺伝子の探索，薬理ゲノミックス（個人の遺伝子プロファイルから，各個人の薬効，副作用等を予測）などを目指している。

Ⅱ－3 細胞レベルからみた生命現象

（1） 細胞とは

細胞とは，自律した増殖が可能な最小単位であり，遺伝情報としてDNA（Deoxyribo Nucleic Acid）を持ち，その遺伝情報を用いた生命活動を行う機能単位である。また，DNAの複製により次世代を生み出す能力（生殖能力）を有する細胞膜に包まれた生命単位である。どんなに小さい微生物も地球上最大の動物シロナガスクジラも生命活動の基本単位は細胞である。細胞には必ず遺伝情報としてのDNAがあり細胞内には生命活動（物質代謝）に必要な細胞質があり，そこにいくつもの小器官が存在する。この細胞内小器官をオルガネラという。

遺伝情報の源であるDNAが含まれる核もオルガネラの一つである。核をはじめとするオルガネラをもつ細胞からできている生物を「真核生物」という。真核生物は我々ヒトを含め多くの動物，植物，菌類，原生生物（ゾウリムシなど），粘菌，酵母などがこれらに含まれている。真核生物は核膜に囲まれた核（DNAを含む）というオルガネラを有しており，これが真核生物の最も大きな特徴である。

これに対して，核膜に囲まれた核をもたず，DNAが細胞質にそのまま存在する生物が現在も存在する。これを「原核生物」という。最初に地球上に現れた生物がこの原核生物とよばれる細胞内に環状のDNAが遺伝情報として存在し，環状のDNAが細胞膜に結合して存在する。我々が良く知る生物では，大腸菌などの細菌類がこれに含まれる。それぞれをみていこう。

（2） 細胞の構造と機能

細胞膜（cell-/plasma-membrane）

細胞全体を包む外側に位置しており，脂質二重層で構成されリン脂質の膜の中にタンパク質が埋め込まれた状態で存在する。膜にはいろいろなチャンネルとよばれる分子の通り道がある。ナトリウム，カルシウムなどのイオンチャンネルや，ATP合成，レセプターとよばれる伝達物質の特異的受容体などが存在する（図Ⅱ－9）。

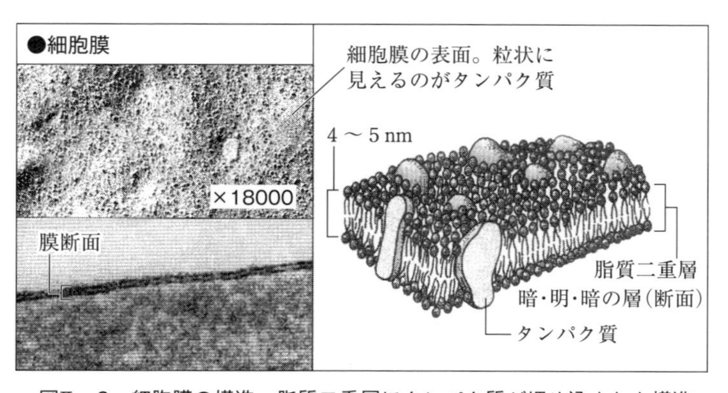

図Ⅱ－9 細胞膜の構造 脂質二重層にタンパク質が埋め込まれた構造

核(nucleus)

細胞の中でDNAを包み込む核膜と内容物の核質で構成されている。染色体の基であるDNAが含まれている。遺伝情報を担う遺伝子を含むオルガネラである。細胞分裂の際には，核膜が消失して核の内部のDNAが染色体を形成し分裂装置により2つの細胞に染色体はそれぞれ分配される。染色体または染色糸はDNAで構成されている。しかし，DNAを含むオルガネラは実は核だけではない。ミトコンドリアと葉緑体にもオルガネラ独自のDNAが存在する。核以外のオルガネラDNAの存在は，これら独自のDNAを有するオルガネラが，もとは異なる細胞であったなごりではないかと考えられる(図Ⅱ－10，および図Ⅱ－21：共生説参照)。

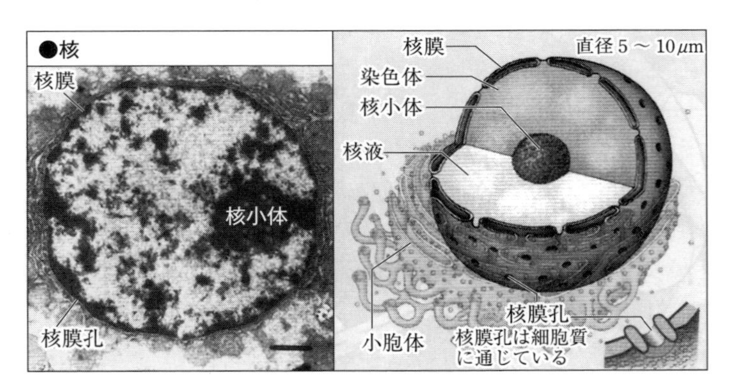

図Ⅱ－10　遺伝情報であるDNAが核膜に包まれている

ミトコンドリア(mitochondria)

複数形のよび方であり，1個の場合はミトコンドリオン(mitochondrion)という。細胞の中で呼吸に関する役割を担っている。特に細胞のエネルギーであるATPの産生の場である。核以外にオルガネラ独自のDNAを有することが知られている。細胞内で分裂して増える。細胞膜のような膜をもつ。特に二重の膜(内膜と外膜)があることから，もとは内膜だけであったが，細胞共生により原始真核生物の細胞に共生する際に外側の膜(すなわち外膜)に包まれたのではないかと考えられている(図Ⅱ－11)。

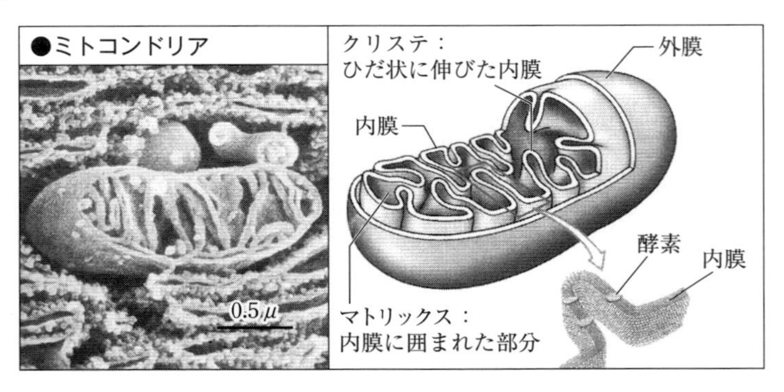

図Ⅱ－11　ミトコンドリア　細胞内のエネルギー生産の場

中心体(centrosome；セントロソーム)

動物細胞の細胞分裂の際に，紡錘体という分裂装置を形成して分裂の両極にそれぞれ位置する。染色体(DNA)は両極の中心体に向かってそれぞれ移動して2つに均等分配される。中心粒とよばれる円筒形の2つの粒子が互いに直行する配置をとり，2つの中心粒の周りに周辺物質が取り巻き中心体を構成している。中心粒の構成要素は主に微小管である。また，精子の鞭毛や繊毛は中心体から形成される。また，裸子植物のイチョウやソテツ，シダ植物，コケ植物の精子にも鞭毛基部に中心体が存在する。被子植物には中心体は存在しない。植物の進化の過程では中心体が失われたと考えられる。中心体は自己複製するオルガネラであることが知られている(図Ⅱ－12)。

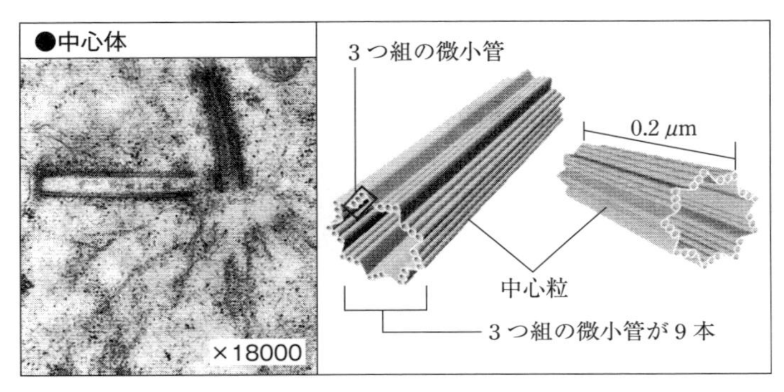

図Ⅱ－12　中心体の構造　1対の中心粒(中心小体)が互いに直交する

葉緑体(chloroplast)

光合成の炭酸同化によるエネルギーの合成と貯蔵の場である。光合成色素のクロロフィルを含み，水と二酸化炭素と光のエネルギーを使ってでんぷん(糖質)の合成を行う。この際，酸素が発生する。ミトコンドリアと同様に，二重の膜で囲まれており，内部にオルガネラ独自の環状DNAを有する。ミトコンドリアと同様に，細胞内共生によってオルガネラになったと考えられている(図Ⅱ－13)。

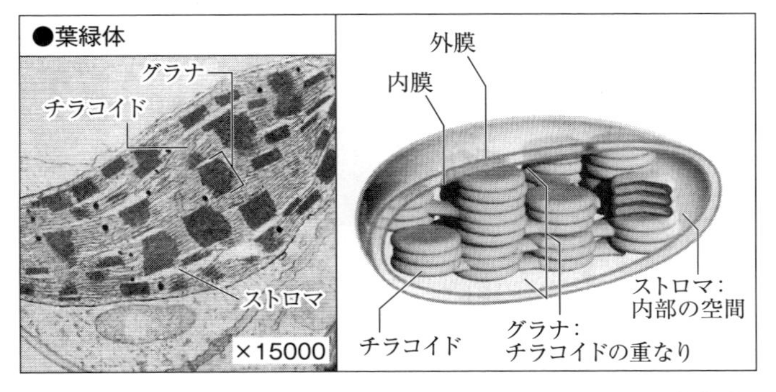

図Ⅱ－13　葉緑体　植物の細胞にみられる光のエネルギーによる光合成の場

小胞体(endoplasmic　reticulum)

一重の膜からなるオルガネラで核膜の外膜とつながっている。表面にはリボソームが付着した粗面小胞体で合成されたタンパク質などの物質の輸送経路の役割がある。リボソームが付着していない滑面小胞体では脂質が合成される。合成されたタンパク質や脂質などを細胞膜やゴルジ体へと輸送する役割を担っている(図Ⅱ－14)。

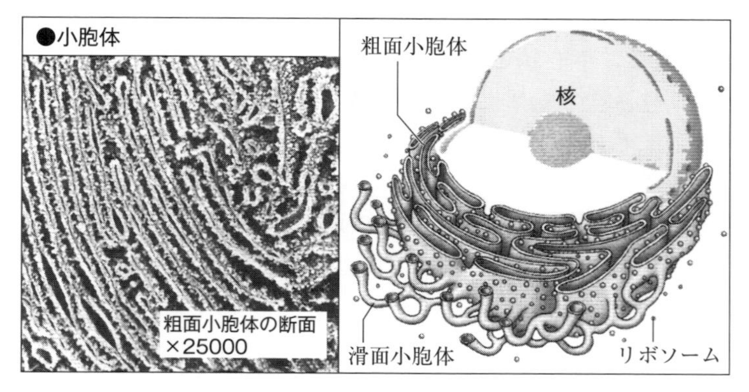

図Ⅱ－14　小胞体　タンパク質や脂質などの輸送に関わる

リボソーム(ribosome)

粗面小胞体に付着したオルガネラであり，タンパク質合成の場である。あらゆる生物に存在し，その構造はリボソームRNA (rRNA)とタンパク質の複合体で構成される。遺伝情報はメッセンジャーRNA (mRNA)としてリボソームへ運ばれ，mRNAの3つの塩基が一つの意味をもつコドンというが20種類のアミノ酸に対応している。このコドンには相対するアンチコドンが存在する。これはトランスファーRNA (tRNA)の塩基配列にありアンチコドンが異なると結合しているアミノ酸も異なる。tRNAは決まったアミノ酸をmRNAの配列通りに運んでくる。リボゾームでは遺伝情報に従って正確にアミノ酸が結合しタンパク質が合成される(図Ⅱ－15)。

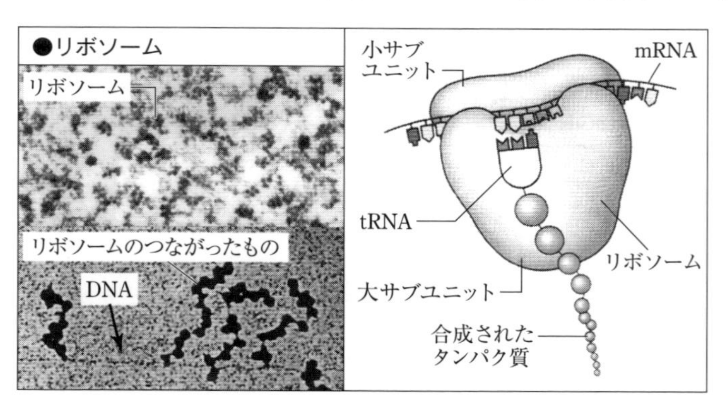

図Ⅱ－15　リボソーム　遺伝情報に基づいたタンパク質合成の場

ゴルジ体(golgi body)

細胞内の分泌物の合成の場である。小胞体から運ばれたタンパク質を加工し，ゴルジ体で完成した分泌物は，分泌小胞として細胞外に分泌される。また，リソソームなどの小胞として細胞内に運ばれる(図Ⅱ－16)。

地球に生活圏をもつ生物は原核生物と真核生物に大別される。また，大腸菌など，細菌類は原核生物とよばれ，単細胞の細胞内に核構造を持たない原始的な細胞

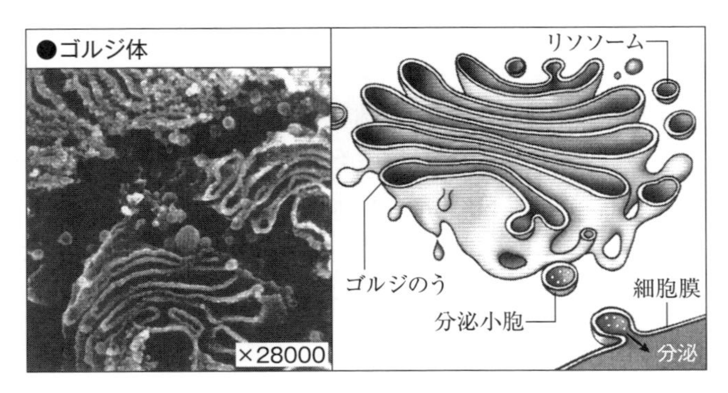

図Ⅱ－16　ゴルジ体　細胞内の分泌物合成の場

である。この原核生物は，およそ35億年前に地球上に誕生し，今日にいたるまでその生命の歴史を刻んでいる。一方，我々ヒトを含む動物や植物，菌類などの細胞は，原核生物よりも複雑な細胞でできており，およそ20億年から10億年前に誕生したと考えられている。生物の進化の中で原核生物から真核生物への進化を大進化という。この大進化は，いつ頃どのように進化したかは不明であり，生命科学の重要かつ最大の謎とされている（図Ⅱ－17）。

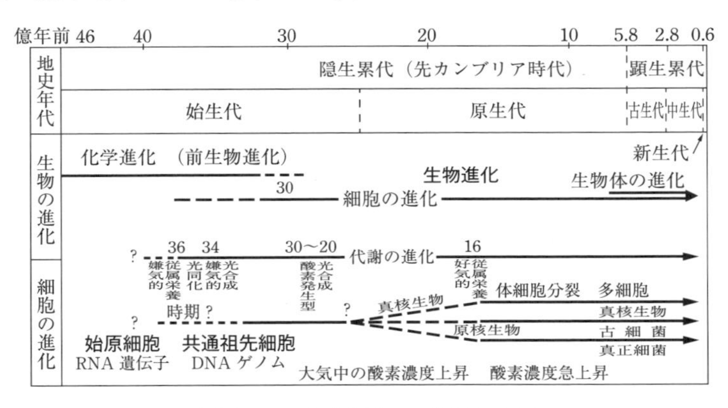

図Ⅱ－17　生命誕生から進化の歴史

真核生物の進化を考える上で細胞内小器官の極めて興味深い特徴が明らかになっているオルガネラがある。その一つがミトコンドリアであり，もう一つが葉緑体である。下図の模式図は植物の細胞でその右は動物の細胞の模式図である（図Ⅱ－18）。どちらも真核生物の細胞であり，これらの共通の特徴がミトコンドリアであ

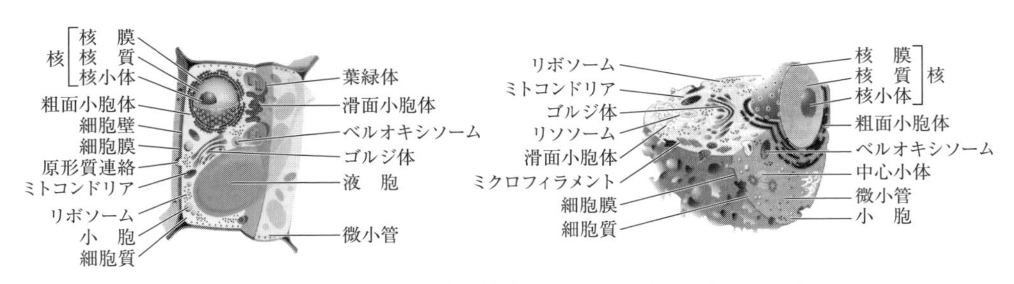

図Ⅱ－18　真核生物の細胞の模式図（植物細胞：左と動物細胞：右）

り，ミトコンドリアは核のDNAとは別に，独自のDNA（環状DNA）をもつ。植物の細胞は，ミトコンドリア以外に葉緑体をもち，この葉緑体にも独自のDNAが存在する。このように，真核生物の細胞内には複数のDNAが存在する。

原核生物の特徴と真核生物の特徴を比較すると細胞の大きさや，オルガネラの数に差があるが，共通点もある。DNAを同じ遺伝情報として用いるだけでなく，mRNAによる転写とリボソームによるアミノ酸によりタンパク質を合成する翻訳機構も類似の機構で行われている。そこには遺伝子の翻訳機構の進化が明らかに存在する。

真核生物の特徴であるオルガネラのDNAはどちらも環状DNAであり，このDNAの特徴は原核生物のDNAと同じである。さらに，ミトコンドリアと葉緑体は内膜以外に，細胞の膜と同じ膜成分でオルガネラ全体が（外膜で）覆われており二重の膜で覆われている。ミトコンドリアと葉緑体のオルガネラの機能は，独自のDNAと核のDNAの両者によって分担されているが，オルガネラDNAの合成（複製）は，核のDNAの支配下にあることが判明している。ミトコンドリアと葉緑体はなぜ，DNAを独自に持ちながらオルガネラDNAの複製（合成）は，なぜ核の支配下にあるのかという疑問の解決が進化の謎を解く鍵となりうる（図Ⅱ－19）。

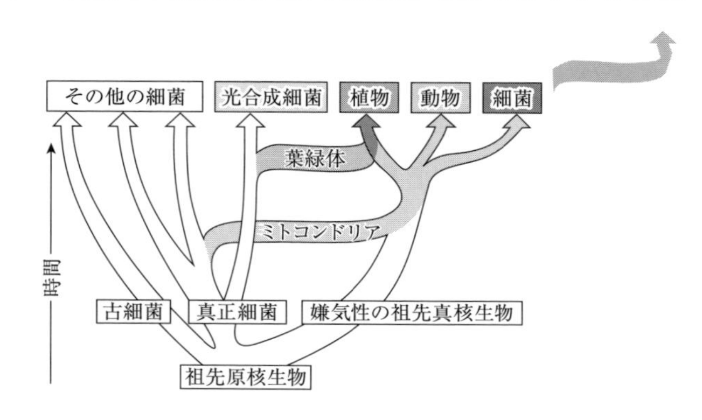

図Ⅱ－19　真核生物の進化とオルガネラ（ミトコンドリアと葉緑体）

真核生物の誕生は1970年代に提唱された「連続細胞共生説（共生説）」のマーグリス（Lynn Marguris, 1938‐2011）（図Ⅱ－20）による仮説が最も有力な進化の解釈として定説となっている。この説は現在，真核生物のオルガネラであるミトコンドリアや葉緑体の他，鞭毛（べんもう）などの運動器官の起源として鞭毛基部の中心体もスピロヘータ様の原核生物の連続的共生により誕生した，と考え中心体にもDNAがあるとする仮説であった（図Ⅱ－20）。

図Ⅱ－20　リン・マーグリス

これに対して，「膜進化説」は，日本の中村運（なかむら・はこぶ）により提唱された説である（図Ⅱ－22）。この説では，核のDNAのミトコンドリアと葉緑体のDNAも元は同じ一つのDNAで

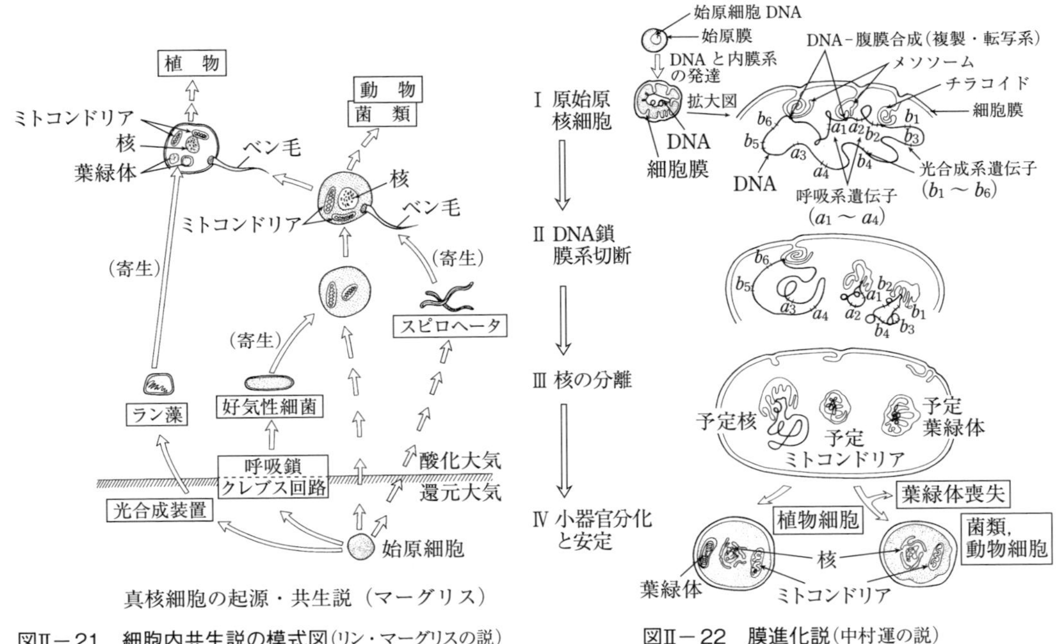

図Ⅱ－21　細胞内共生説の模式図（リン・マーグリスの説）

図Ⅱ－22　膜進化説（中村運の説）

あったのだが，それぞれ独自の膜に包まれ膜とともに，細胞内部に落ち込みオルガネラとして進化を遂げてきたとする説である。膜進化説は，連続細胞共生説で説明されていない核の誕生と進化の問題について解釈している点に特色がある。核もオルガネラの一つであり共生説では，核がどのように生じたかは示されていない。しかし，葉緑体の膜やミトコンドリアの膜が二重の膜構造であることは内側が原核生物由来の膜で，外側が共生による取り込みの際に形成された宿主細胞の膜のなごりであるとする共生説に整合性がある。また，ミトコンドリアや葉緑体のDNAが原核生物と同様に環状DNAであることや，そのDNAの遺伝情報の翻訳機構も原核生物と同じであることからも共生説による整合性がより高い。

現在の生物進化の考え方では，オルガネラ（葉緑体，ミトコンドリア）のDNAは核に支配されている点，環状構造である点，翻訳機構が原核生物と類似する点から共生説による解釈の方が説得力がある。

（3）粘菌の多面性

動物でも植物でも菌類でもない粘菌

粘菌は地球上の様々な環境に生息している。多くは湿り気の多い森の中で倒木や枯れ葉の下，木の幹などに付着してバクテリアなどの微生物を餌としている。粘菌は森の掃除屋といったところだろう。しかし，粘菌の仲間には北極，南極といった極限の寒冷地にも生息する種や，海の中に生息する種も存在する。生物が生息する様々な環境に粘菌の仲間は生きているのである。おそらく，地球上の生物の中でも原始的特徴をとどめた生物の一つのグループと考えられる。バクテリアよりも高等な真核生物に属する粘菌は，外見的な特徴や胞子により繁殖することから菌類のグループとされたり，植物に近いとされた時代もあったが，現在，最新の分類では，真核生物(Eukaryota)のグループでユニコンタ(unikonta) に含まれる。ユニコンタとは，1本の鞭毛を持つ真核生物のグループで，粘菌はこのグループの中のアメーボゾア(Amoebozoa)に属する生物である。ユニコンタには他にオピストコンタ(Opisthokonta)という動物と菌類が含まれるグループがある。粘菌は動物でも菌類でもなく，粘菌なのである。真核生物は大きく分けて，動物，菌類，そして粘菌が含まれるユニコンタと植物や藻類，その他，原生生物の多くが含まれるバイコンタ(Bikonta)からなる。バイコンタは一つの細胞が2本の鞭毛を形成している細胞の特徴があり，ユニコンタとバイコンタの違いは，細胞が有する細胞内オルガネラの中心体を構成する2つの中心小体のうち，一方の中心小体のみが鞭毛を形成するユニコンタに対して，バイコンタは両方の中心小体が鞭毛を形成するため2本の鞭毛を有する。動物の精子が1鞭毛で遊泳することを想像してもらうとよい。

粘菌には，真正粘菌と細胞性粘菌があるが，熊楠が研究していたのは真正粘菌(変形菌)であった。粘菌は胞子で休眠しているが水や気温，餌など生息できる環境になると遊走子という鞭毛を形成して泳ぎ回る。餌のあるところまでくると，アメーバになりバクテリアを食べながら細胞は成長するが，細胞の核のみ分裂して細胞分裂は生じない。したがって細胞は一つのまま，核だけが2個，4個，8個，16個と倍化していく。一つの細胞に複数の核をもつ生物を多核体という。成長したアメーバは餌を食べ尽くし，光の多く差し込む場所に移動してくると，胞子を形成するために，柄と胞子嚢からなる子実体を形成する。子実体の形状は粘菌の種類により様々で赤や白，黒，黄色，ピンク，茶色からミラーボウルのような金属光沢があるものまで，様々な色と形状があり，生物の奥深さを知ることができる。粘菌というように，菌の文字が使われているが，菌類とは全く別の生物である。

菌類にはアメーバのような不定形の形状をもつものはなく，粘菌が以前は菌類の仲間と間違って考えられていた時代の名残がその名につけられている。和名でも，ホコリカビなどとカビの名がついているがカビではない。ちなみに粘菌の和名は，ホコリとカビをつけない名称がつけられているものが多い。

南方熊楠も知らなかった細胞性粘菌

細胞性粘菌の *Dictyostelium discoideum* は，和名ではキイロタマホコリカビという。細胞性粘菌は土壌中に存在しバクテリアを餌として単細胞のアメーバとして増殖するが，餌が枯渇すると細胞集合の合図となるサイクリック AMP (cAMP)を分泌し細胞集合が生じる。単細胞のアメーバである細胞性粘菌は互いに集まり集合体を形成する。細胞性粘菌は増殖期と分化期が明瞭に区別されるモデル生物であり，餌があると細胞分裂を繰り返し増殖するが，飢餓処理(餌を除去すると)により細胞集合が生じる(図Ⅱ－23)。

東北大学の前田靖男(1942年-)らは，細胞集合の仕組みと細胞周期が関係すると考え，増殖期の細胞を BrdU でパルス染色した細胞性粘菌を用いて，飢餓処理後早く分化期に入った細胞(すなわち，細胞周期を早く抜け出した細胞)と飢餓処理の後，もっとも遅く分化期へ以降した細胞を比較した。その結果，以下の細胞運命を明らかにした。最初に分化期へ移行した細胞，つまり細胞周期を早く抜け出した細胞がcAMPを分泌し細胞集合のセンターとなる。cAMPを分泌している細胞同士は集まり集合中心ができる。最も遅く分化期に入る細胞，すなわち細胞周期を遅れて脱失した細胞は，先に集合中心を形成した細胞の分泌するcAMPにより引き寄せられる。集合体は一つのまとまった形状となり，ナメクジ状のSlugとよばれる移動体が形成される。移動体は光を求めて移動しながら移動体の内部では細胞の選別が生じる。興味深いことに，移動体が形成されるときは，細胞周期から分化期への移行が遅い細胞群が逆に先頭に立ち，移動体の先端部に位置するようになる。最初の集合でいち早く分化期へ移行しcAMPを分泌した細胞は移動体の後ろの領域に位置するようになり，最初の集合の位置取りとは対照的な配置となる。移動体はその後，柄と胞子からなる子実体を形成する。柄に分化する細胞は，細胞周期を最後に抜け出し，最初の集合体に遅れて集まってきた細胞が柄細胞となる。一方，胞子になる細胞は，細胞周期をいち早く抜け出し，はじめにcAMPを分泌していた細胞群がその後，移動体では後部に位置するようになり，子実体では胞子細胞となり，次の世代まで生き残ることができる。つまり，細胞周期から分化期へ早く移行した細胞は，将来胞子細胞として，生き残れる運命を持つが，遅れて細胞周期から分化期へと移行した細胞は，最初の集合体に遅れて集合し，移動体では先頭に立ち，子実体では柄細胞として，胞子体を支え死ぬ運命の細胞となる。早く細胞周期を抜け出すか否かで対照的な運命が決まるのである。

細胞性粘菌はこの柄細胞と胞子細胞の2種類の細胞への分化しか生じない，もっとも単純な分化を生じる細胞である。高等動物では多細胞化がより複雑となり分化する細胞の種類も多数存在するようになる。より複雑な生物の分化の仕組みを理解するには，細胞性粘菌のようなシンプルな生物の分化のメカニズムを知ることで複雑な生物の仕組みを解き明かす手がかりが得られることもある。実際，細胞性粘菌で最初に発見されたcAMPは，その後ヒトも含めた様々な生物にも存在し，細胞内のシグナル伝達のセカンドメッセンジャーとして細胞の伝達手段として用いられている。

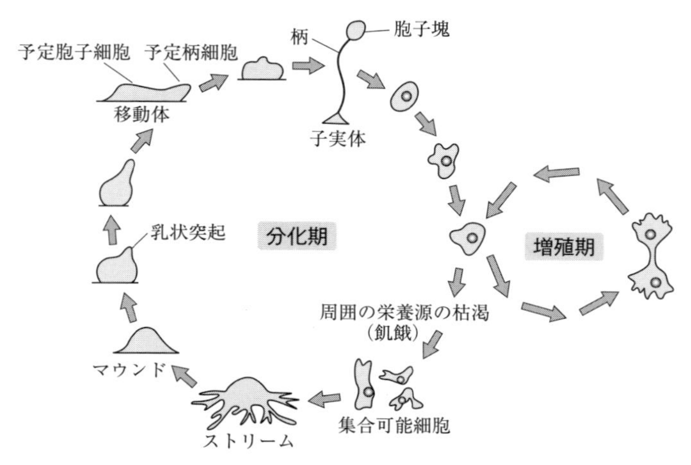

図Ⅱ－23　増殖と分化（柄と胞子）が明瞭に区別される細胞性粘菌

cAMPは細胞集合だけでなく，有性生殖と無性生殖の切り替えにも関与している。cAMPは細胞性粘菌の細胞が光を受けるほど合成されることで，柄と胞子の2種類に分化する無性生殖へと誘導される。無性生殖とは細胞性粘菌の場合，アメーバ細胞が細胞融合などの有性生殖を行うことなく生殖細胞の胞子を形成する生殖をいう。これに対して，有性生殖は粘菌アメーバが接合子を形成することで2つの細胞の細胞融合により巨細胞(ジャイアントセル)が形成され，この細胞がマクロシストとよばれる減数分裂を伴う有性生殖細胞が次の世代のアメーバを生み出す。これが細胞性粘菌の有性生殖である。この有性生殖の誘導には粘菌細胞自身が放出するエチレンガス(植物ホルモンの一種で果実の成熟に関与する)が粘菌細胞を成熟させる誘起物質として作用する。細胞性粘菌の細胞が自身の放出するエチレンの作用をより受ける環境としては細胞が水に浸った状態がもっともエチレンの作用を受ける。エチレンは水によく解けるので水中で最も効率よく作用する。逆に乾燥した環境ではエチレンは空気中に拡散して細胞に作用しない。つまり，エチレンとcAMPのバランスが細胞性粘菌を有性生殖に導くか，無性生殖により胞子を作らせるかを決める重要な要因である。エチレンが細胞性粘菌の有性生殖に関わることを発見したのが前述の前田靖男教授の研究室で，助教を勤めた東北大学の雨貝愛子博士である。エチレンにより有性生殖を引き起こす遺伝子が発現することも雨貝博士は発見している。粘菌が動物性のアメーバ細胞であることと成熟誘起には植物ホルモンのエチレンを活用することは，いかにも動物と植物の狭間に漂う粘菌の生きざまを示しているようで面白い。

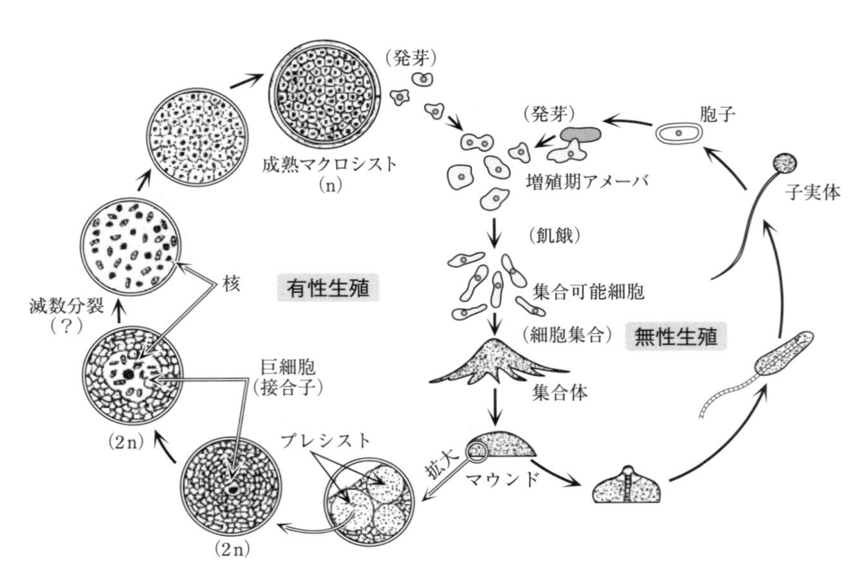

図II－24　細胞性粘菌はエチレンにより有性生殖，cAMPにより無性生殖となる

Ⅲ．人間の生物学

Ⅲ－1　飲酒と喫煙

（1）アルコールの周辺

アルコールの製造

酒の製造は文明の発祥とともに始まった。なかでも，酵母でブドウの糖分をアルコールに転換してできるワイン(ブドウ酒)の製造は古く，すでにエジプトのピラミッドの中にもその製造法が描かれている(図Ⅲ－1)。酵母菌にとっては，べつにワインをつくるために活動したわけでなく，自ら生き延びるために必要なエネルギーを得るためにブドウ糖という有機物を分解したにすぎないのであるが，ギリシャ神話に登場するディオニソスは酒の神である。酒の主成分のアルコールは語源をアラビアに求めることができる。当時，アルコールはアイシャドーのような目の化粧品を指していた。アラビアでは錬金術の進展がみられたが，そこで行われた物質の操作法の一つである蒸留は，アルコール分の強い酒の登場につながった。それが，中世ヨーロッパに伝えられ，アルコールの言葉は残ったが，意味としては「生命の水」や「永遠の水」を指すようになったという。

図Ⅲ－1　古代エジプト時代のワインづくり

アルコールの製造に用いられる原料はさまざまだが，我々が日頃から口にするものが多い。まず，穀物である。日本酒の米，ビールの麦，バーボンウイスキーのトウモロコシ，焼酎のイモやソバなどが思いつく。また，果物もブドウからワイン，リンゴからリンゴ酒など果実酒も種々製造されている。アルコールの製造は，人類初の微生物の利用技術と捉える見方もある。その意味では，我々の周りの食物であるチーズ，ヨーグルト，パン，味噌，醤油，豆腐，納豆，酢，漬物などともにバイオテクノロジー(生命工学)の微生物利用技術の源流にもみえる。この微生物の作用で有機物を無酸素状態で分解し，有用な物質が生成されたときが「発酵」，有害な場合が「腐敗」である。

アルコールが生成されるアルコール発酵は，ブドウ糖が基質となり，複雑な反応経路を経て，2分子のピルビン酸に分解される。そして，さらに分解が続き，最終的にはエタノールと二酸化炭素が生成される。これらの全体の反応をまとめると，次の式で表される。

$$\underset{\text{ブドウ糖}}{C_6H_{12}O_6} \longrightarrow \underset{\text{ピルビン酸}}{2C_3H_4O_3} + 2H_2$$
$$\longrightarrow \underset{\text{エタノール}}{2C_2H_6O} + \underset{\text{二酸化炭素}}{2CO_2} + 56\,\text{kcal}$$

ところで，ビールや日本酒の製造法は，ワインの場合と異なる点がある。ビールの原料である大麦(ビール麦)や日本酒の原料の米を水蒸気で蒸してノリ状にするところからビールや日本酒が作られる。このノリ状になったでんぷんに麦芽あるいはコウジ(麹)を加えると，これらに含まれるでんぷんの分解酵素アミラーゼの作用ででんぷんが麦芽糖に変わる。さらに，この麦芽糖の溶液に酵母を加えて温めると，酵母がもつ酵素マルターゼ(グリコシダーゼ)で麦芽糖がブドウ糖に変わる。ここから「アルコール発酵」が始まるのである。

1896年，ドイツのブフナー(Eduard Buchner，1860-1917)は，ビールの製造に使う酵母からアルコール発酵を起こす物質を抽出して「チマーゼ」と名づけた。そして，微生物がいなくてもこのチマーゼがあれば発酵が起こることを示した。発酵には，アルコール発酵の他に，乳酸菌が行う乳酸発酵や酢酸菌による酢酸発酵など多数が知られている。

発酵と同様に，微生物が有機物を分解する反応で，生成物として悪臭や毒性をもつ物質ができることがある。この現象を「腐敗」とよんでいる。腐敗が生じる有機物はタンパク質が大半である。腐敗も微生物にとっては自身の活動を行うためのエネルギーを得る手段である。食品添加物のなかには，この腐敗の防止を目的としているものが含まれることがあるが，それは腐敗を起こす微生物が増殖するのを妨げる作用をもつ物質の一種である。

アルコールと人体

酒は「百薬の長」とよばれるように人類と長いつきあいがある。最近ではアルコールの健康に及ぼす害がしばしば強調されるが，効用もいくつか知られている。

食欲増進：ビールやワインなど比較的アルコール分が低い酒は「食前酒(アッペタイザー)」とよばれる。実際に食前に軽く飲酒をすると食欲が増し，食が進むような気がすることがある。その理由として，適度のアルコール分の摂取により唾液の分泌が盛んになったり，胃液の分泌の助けになることが知られている。唾液にはα-アミラーゼ，胃液にはペプシンなどの消化酵素が含まれているし，唾液の分泌が盛んになると咀嚼(そしゃく)もしやすくなる。さらに，腸のぜん動運動を促進する働きがあるともいわれる。

長命：長命の人には適度に飲酒をしていた人が多いという報告もある。一卵性双生児は，一般には，飲酒に対する行動も二人が同様であることが多いのであるが，たまたま，一方が飲酒をし，もう一方が飲酒の習慣がないような場合を探した。そして，どちらが長生きをしたかという追跡調査したところ，適度に飲酒をしていた方が長命であったという。その理由ははっきりしないが，飲酒により適度にストレスを発散できたからであるという解釈がある。

心筋梗塞・動脈硬化予防：適度の飲酒が心筋梗塞や狭心症，動脈硬化の予防になるという説もある。これは，低濃度のアルコールには動脈の壁にできるコレステロール（コレステリン）を肝臓に運ぶ高密度リポタンパク質（脂質とタンパク質が結合したもの）を増加させる働きがあるからだという。

腎臓機能向上：ビールを飲むとしばしば比較的短時間で尿意を催すことがある。ビールのこの利尿効果によって，腎臓の働きが促進し，有害物質を体外へ排泄する働きが高まる。腎臓や尿路結石の治療に実際にビールを飲ませて効果がみられたという報告があり，これを治療法の一つとして考える医師もいるという。

アルコールによる疾病

酒が体内に入ると酔いが起こり，さらに，二日酔，場合によっては「急性アルコール中毒」になることがある。さらに，長期にわたって過度の飲酒が続くと，身体的にも精神的にも影響が出てくることがある。こうしたアルコールによる人体への影響を考える際，まず，体内におけるアルコールの分解に目を向ける必要がある。口から入ったアルコールは胃で20～30％が吸収され，小腸へ進むまでにほとんどすべてが吸収される。吸収されたアルコールは，血管を介して肝臓へ送られる。体内に入ったアルコールの90％は，この肝臓で分解されるのである。そして，その分解産物が体に悪影響を与えることがある。アルコールの分解過程は次のようである。

$$\underset{\text{エタノール}}{C_2H_5OH} + NAD \xrightarrow[\text{アルコール脱水素酵素}]{} \underset{\text{アセトアルデヒド}}{CH_3CHO} + NADH + H^+$$

すなわち，体内のアルコールは肝臓の細胞に含まれる「アルコール脱水素酵素」で酸化され，「アセトアルデヒド」に変わる。このとき，この酵素のタンパク質部分に結合して，酵素の働きを発現する分子である補酵素NAD（ニコチンアミド・アデニン・ジヌクレオチド）が必要である。この分解産物であるアセトアルデヒドが飲酒による吐き気や嘔吐などの悪酔いの原因になる。また，日本人はこの酵素の働きが弱いか，もともと欠損している人の割合が世界的にみても高く44％であるという。ドイツ人やスウェーデン人は0％，アメリカ先住民族で2％，インド人で5％であったという。すなわち，41％の中国人と並んで人種的にみても「酒に弱い」のである。

つぎに，アセトアルデヒドは「アルデヒド脱水素酵素」の働きにより，酢酸になる。すなわち，

$$CH_3CHO + NAD \longrightarrow CH_3COOH + NADH + H^+$$

アセトアルデヒド　酢酸

↑ アルデヒド脱水素酵素

このとき，出来た酢酸は，糖や脂肪酸を完全に酸化する代謝経路である「クエン酸回路」に入り，最終的には二酸化炭素と水になるとともに，脂肪の形成にも関与する。この脂肪が肝臓にたまり脂肪肝，肝炎さらに肝硬変に進む場合もある。

従来，慢性アルコール中毒，これを短縮して「アル中」などとよんでいた状態である。近年では，この症状自体が慢性的なのであえて慢性と名づける必要はなく，また，一般の短期間で，微量な物質で引き起こされる中毒とも異なるため，「アルコール依存症(alcoholism)」と呼ぶことが一般的である。

身体的な症状としては，不眠(睡眠障害)，発汗や頻脈(自律神経症状)，不安不穏など，振戦せん妄などが現れ，これらを防ごうと飲酒を続ける禁断症状(離脱症状)がみられる。この中の振戦せん妄は，禁酒の状態に置かれると数日以内に起こることが知られ，意識障害や時間，場所，関係性が的確に把握できなくなる「失見当」を伴う。さらに，幻視の訴えもしばしばあり，この場合は小動物がみえているという(小動物幻視)。

精神的な症状には，何が何でも酒が欲しくなる強迫的飲酒欲求が知られている。また，こうした精神依存を起こす原因の一つに依存性，逃避性，未熟性などの性格特性があるという指摘もある。さらにアルコール依存症が進むと，男性では妻や恋人が不倫・不貞を行っていると信じてしまう妄想である「アルコール嫉妬妄想」がある。男女共通しては，健忘，失見当，作話，記名力低下などがみられる「コルサコフ(Korsakoff)症」や脳に器質障害が認められる「アルコール性認知症」などが知られている。

こうしたアルコール依存症の治療には抗酒薬などもあるが，禁酒がなによりで同様な体験をもつ人たちでの集団療法も考えられ，「断酒会」や「AA (アルコール・アノニマス)」などの団体もある。

1922年に施行された「未成年飲酒禁止法」には

第1条　満二十年ニ至ラサル者ハ酒類ヲ飲用スルコトヲ得ス

と定められている。

また，1961年施行の「酒に酔って公衆に迷惑をかける行為の防止等に関する法律」は，

第2条　すべての国民は，飲酒を強要する等の悪習を排除し，飲酒についての節度を保つよう努めなければならない。

である。しばしば，飲酒を強要し，「いっき飲み」などで短時間に大量の飲酒から

血液中のアルコール濃度が急激に上昇し，脳幹が呼吸をコントロールする機能が損なわれるなどして死に至る「急性アルコール中毒」が起こることがある。飲酒の強要は「アルコール・ハラスメント」である。

自身がアルコール対してどのような体質であるのか，については「パッチテスト」で調べることができる。神奈川県にある国立病院機構・久里浜アルコール症センターでは，消毒用アルコールを傷テープなどの絆創膏に数滴滲み込ませ，二の腕の内側に貼り5分後にはがす。20秒以内に貼った跡が赤くなったら酒をまったく飲めないタイプ。5分後に赤変したら酒に弱いタイプである可能性が高いといわれる。変化がみられない場合は，通常に飲酒ができるタイプとなる。

「アルコール薬物問題全国市民協会」の「飲酒の心得5か条」は，

- いっき飲みは決してしない，させない。
- 食べながらゆっくり飲む。
- まだ飲めると思っても「ほろ酔い」段階で切り上げる。
- 飲めない人にはすすめない。
- 体調が悪い時，服薬中は飲まない。

である。

（2） 喫煙の諸問題

植物としてのタバコ

タバコはナス科に属する植物で，800ほどの品種が知られている。栽培タバコとしては南米ボリビアが原産地であるニコチアナ属（学名 *Nicotinia tabacum*）のものが代表的であり，世界でもっとも多く栽培されている（図Ⅲ－2）。原産地ではタバコの煙は神聖なものとされていた。中米では，誕生祝や結婚祝いなど祝い事の際にタバコが振舞われたという。15世紀末，コロンブス（Christophorus Columbus, 1451-1506）に

図Ⅲ－2　ニコチアナ・タバカム

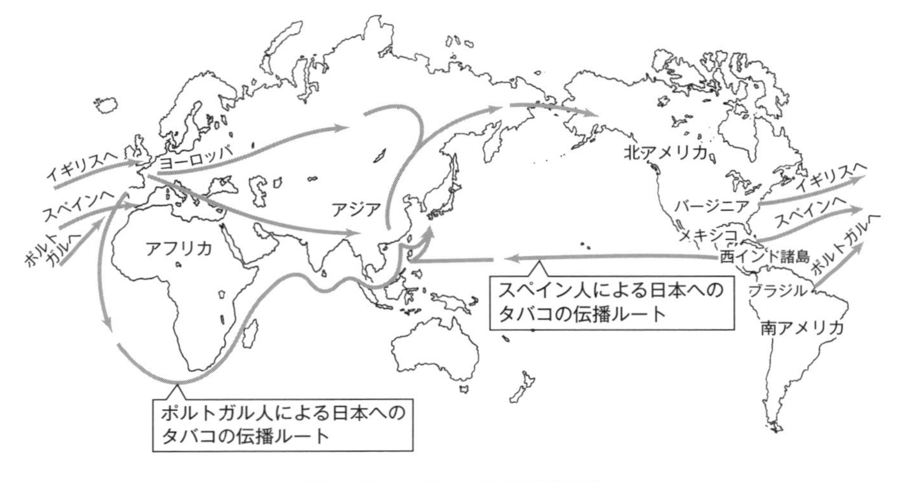

図Ⅲ－3　タバコの伝搬推定経路

よってヨーロッパに伝えられたとされている。そして，喘息や頭痛，胃けいれん，痛風に効果があるとされた。日本には中国を経由して，また，スペイン人が直接，日本へ16世紀末に伝え，16世紀末ないし，17世紀初頭には栽培が始まっていたという(図Ⅲ－3)。17世紀の中国では，喫煙で酒を覚ます，空腹感をまぎらわすことができる，マラリヤやコレラの予防に効果がある，などと理解されていた。タバコには，葉タバコを燃やしてその煙を吸う喫煙，口の中でガムのように噛む噛タバコ，粉にして嗅いだり吸い込んだりする嗅タバコがある。喫煙が地理的に最も広く分布している。喫煙習慣が広まりつつある時期では，タバコは薬と類似した働きがあると考えられていたのであった。

学名にもみられるように，タバコには植物アルカロイドであるニコチンが含まれる。1828年という比較的早期に分離，抽出された。アルカロイドとは，植物に含まれるアルカリ様物質の総称で，これまで2,500種類以上見出されている。タバコの場合，ニコチンは根の先端で生成され，葉に蓄積される。ニコチンの他にも，ノルニコチン，アナバシン，ニコテイン，ニコチミン，ニコトインなどがタバコに含まれるアルカロイドである。葉の重量の0.5から8.0%含まれると推定されている。

喫煙で緊張が解れるとか眠気を覚ますといわれるが，かなりの習慣性がみられる。日本のタバコのパッケージには，「喫煙は，あなたにとって肺がんの原因の一つとなります。疫学的な推計によると，喫煙者は肺がんにより死亡する危険性が非喫煙者に比べて約2倍から4倍高くなります」，「喫煙は，あなたにとって肺気腫を悪化させる危険性を高めます」などと記されている。それにも関わらず，未成年者の喫煙や女性の喫煙者の増加など，しばしば社会問題にもなっている。ニコチンは元来，硫酸ニコチンの形で農薬として使われていたものであった。

タバコの成分

タバコに含まれる成分から喫煙を考えてみよう。タバコの成分というと，タバコの葉に含まれるものと，火をつけて生じる煙に含まれるものが思いつく。それぞれについて見ていこう。

タバコの葉の成分は，他の緑色植物の葉にも含まれているタンパク質やアミノ酸(タンパク質の構成成分)，セルロース(細胞壁の成分)，ペクチン(細胞接着物質)，でんぷん(光合成産物)，有機酸などがある。さらに，葉の消毒用のフェノール，揮発性物質イソプレノイド，植物アルカロドのニコチン，ノルニコチン，アナバシンなどが挙げられる。全部で数百種類といわれる。

これに対しタバコの煙の方は成分総数4,000種類を超えると見積もられ，その内，約

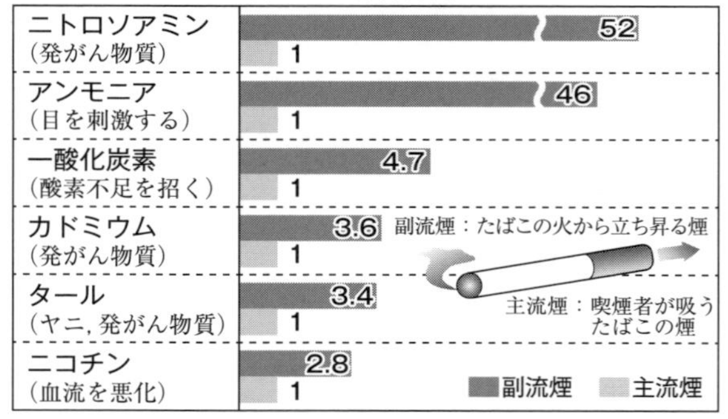

図Ⅲ－4　有害な副流煙

200種は有害といわれる。また，喫煙の際の煙には喫煙者が吸い込む「主流煙」とタバコの先から出て周囲に拡がっていく「副流煙」があり，有害成分が副流煙に多くみられる場合もある(図Ⅲ－4)。主要なタバコの煙の成分の名称と特徴は，以下のようである。

ニコチン……………植物アルカロイドで神経に作用する有毒物質
タール………………多数の発がん物質を含む黒色の油状液体
ベンツピレン………タールの中に含まれ燃焼によって生じる発がん物質
ニトロソアミン……副流煙に多く含まれる。葉の窒素化合物とアミンが燃焼により生成
アクロレイン………特有な刺激臭があり目やのどを刺激する。
アンモニア…………刺激臭がある無色の気体で，のど，鼻，胃などの粘膜を刺激する。
一酸化炭素…………赤血球中のヘモグロビンと結合しその機能を阻害して低酸素状態にする。
シアン化水素………無色の液体。高い毒性がある。

喫煙と疾病

厚生労働省の調査によれば，日本全国の喫煙者は男性約2,650万人，女性約670万人である。近年の特徴は，男性の喫煙率が全年齢層で低下しているのに対して，女性の喫煙率が増加していることである。例えば，20代男性の場合，1980年には約77%が喫煙者であったのが，90年には約66%に減少している。一方，20代女性は約15%であったものが約20%になっている。外国と比較してみると，成人男性の場合，日本61%，アメリカ30%，イギリス36%，フランス49%などであり，日本人男性の喫煙率が高いことがわかる。

タバコの代表的な成分であるニコチンは，元来，殺虫剤の成分として利用されていたように，わずか60 mgの量でも体内に入ると死んでしまう場合があり，他にもさまざまな健康障害や疾病との関係が報告されている。なかでも，ニコチンは神経系と密接な関係があることが知られている。喫煙により，頭痛や手足の振るえ，反射神経の障害などを引き起こすことがある。これは，ニコチンが延髄に作用するのが一因である。他にも，呼吸が苦しくなったり，肺の外呼吸の機能低下，胃酸分泌の低下，腎臓の水分再吸収を促進することから尿量の減少，心臓機能の部分的低下等々，呼吸器，循環器，消化器などにも影響を及ぼす。ニコチンは体内に入ると速やかに分解される。ネズミを使った実験では，ニコチン投与5分後には脳に大量に集中し，30分後にはそれが尿中に見られたという。

ところで，喫煙によりダイエットができるという言説をその根拠を吟味せずに信じている人がいる。この喫煙習慣と肥満との関係について，男女合計で1万人以上対象に行った調査では，1日に40本以上タバコを吸う男性，30本以上の女性に肥満(腕と背中にある皮下脂肪の厚さの合計が男性は40 mm，女性では50 mm以上)が多かったという報告がある。また，男性約2,100人を対象とした調査では，1日に20

本以下の喫煙者は，非喫煙者よりも平均体重が少ないが，喫煙本数が増えるにしたがって体重が多くなったという結果を示している。その理由として，喫煙により成長ホルモンが反応し，脂肪の代謝が盛んになるためではないかと推定されている。

関東地方のある医療機関がその地域の妊婦約66,000人について調査したところ，約11％が喫煙者であり，先天的な異常がある新生児も約690人みられた。そのため，タバコのパッケージにも「妊娠中の喫煙は，胎児の発育障害や早産の原因の一つとなります。疫学的な推計によると，たばこを吸う妊婦は，吸わない妊婦と比べ，低出生体重の危険性が，約2倍，早産の危険性が約3倍高くなります」と注意を啓発している。別の妊娠中の妊婦の喫煙問題では，指の本数が通常よりも多い「多指症」の子どもの内，約28％は親が喫煙者であったという。他の調査では，1日11本以上の喫煙者から生まれた男児新生児の体重が非喫煙者から生まれた子どもよりも260 g少なく，身長も0.8 cm小さかった。

ニコチンの体内への影響でもっとも関心がもたれるのががん，なかでも肺がんである。1日20本の喫煙者は5倍，50本の喫煙者は15倍，肺がんでの死亡率が非喫煙者に比べて高いといわれる。「タバコ1本吸えば寿命が5分短くなる」という警句がある。禁煙を1年間続けると冠動脈疾患のような心臓病のリスクが半減し，10年間続けると肺がんによる死亡率が半減するといわれる。

タバコの煙が体内に入ると，肺の細胞表面が傷つけられ，組織から剥がれる。このような場合，通常，細胞は速やかに再生され補充されて元通りになるが，喫煙が続くとこの再生が組織からの解離に追いつかなくなる。そのため，暫定的な細胞（異形細胞）で埋め合わせが行われるようになる。そして，次第にこの異形細胞が増えてくる。そこへタバコの煙に含まれる発がん物質が作用するとがん化が起こる。つまり，異形細胞ががん細胞に変わり，ついにはがんを引き起こす仕組みである。最近では，体内に備わっている「がん抑制遺伝子」が喫煙によって異常をきたす可能性も指摘されている。また，喫煙は肺がんばかりでなく，口腔，舌，食道，腎臓，すい臓，膀胱などにもがんを引き起こすことが知られている（図Ⅲ－5）。

その上，タバコの煙は喫煙者本人ばかりでなく，まわりの人へも影響を及ぼす。

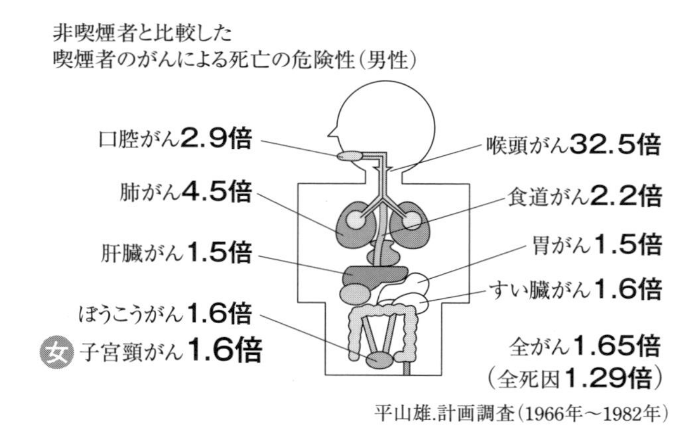

図Ⅲ－5　喫煙とがん

喫煙者と同室の人の頭，のど，目などが痛くなったり，子どもの場合は喘息を引き起こしたりする。さらには，糖尿病，メタボリック・シンドローム，治療不良，股関節部骨折，骨粗しょう症などにも悪影響を与えるといわれる。

こうした事情から日本では21世紀の変わり目に制定された「健康増進法」では，第25条でデパート，駅，空港，劇場，映画館等公共の場では喫煙者の周りにいる人が喫煙の煙で健康を害する恐れがある受動喫煙を防止することが求められている。

（3） 神経・精神に作用を及ぼす物質

精神作用と物質

人間の精神作用に影響を及ぼす物質は古くから知られ，古代の神話や伝説，宗教的儀式に利用されていたといわれる。また，9世紀以前のサーサーン朝ペルシャの時代に著されたと考えられている『アラビアンナイト（千（夜）一夜物語）』で語られる幻想的な世界は，このような物質の作用によるのではないかと推定されている。体の感覚器官から中枢神経へ，神経から体の各部への情報伝達は，「神経伝達物質」が担っている。神経伝達物質にはアドレナリンやノルアドレナリン，ドーパミン，セロトニンのようなアミン類，グリシン，グルタミン酸，γ-アミノ酪酸などのアミノ酸類，その他，エンケファリンのような小分子が知られている。通常，脳には「脳血管関門」とよばれる部位があり。人体に有害物質がそこを通過しないように通過物質を厳選している。しかし，アルコールや麻薬に分類される物質は神経伝達物質に類似した化学構造をもち，たやすくこの関門を通過して人間の神経・精神作用に影響を及ぼすのである。これらの代表的な物質であり，薬物でもある鎮痛剤，精神安定剤，幻覚剤，覚醒剤についてみてみよう。

鎮痛剤

文字通りの痛み止めの薬である。この鎮痛剤は大別して弱い鎮痛剤と強い鎮痛剤があり，前者の代表に解熱鎮痛剤として頻用されるアスピリン，後者の代表が人間に生じるほとんどの痛みを解消するが離脱（禁断）症状もでることがしばしばであるモルヒネがある。

解熱剤，すなわち，熱さましは古代よりヤナギの仲間の植物にその効果があることが知られていた。19世紀に入るとドイツの合成化学や製薬工業の進展とともにヤナギの仲間の植物の幹の抽出物が得られ，これを基にいくつかの過程を経てサリ

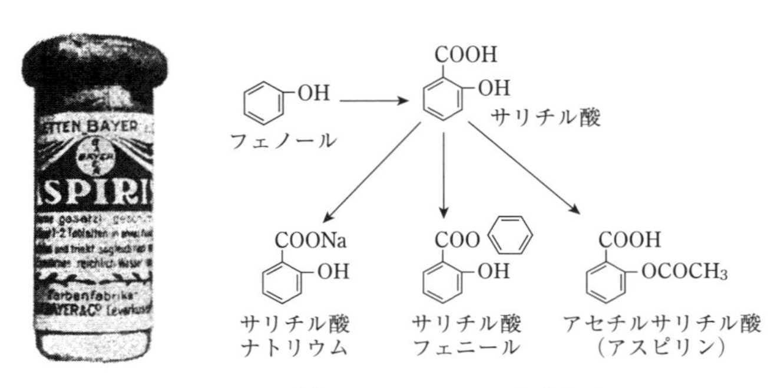

図Ⅲ－6　当初のアスピリンと合成経路

チル酸が合成された。そして，1899年には副作用を抑えたサリチル酸誘導体としてアセチル化したアセチルサリチル酸が合成された。このアセチルサリチル酸の薬物としての商品名が「アスピリン」である。アセチル化とは酢酸を付加するという意味である（図Ⅲ－6）。

なお，サリチル酸は酒の腐敗を起こす火落菌の増殖を食い止めるため，酒の防腐剤としての効果をもつ。また，イボや魚の目にも薬効がある。さらに，サリチル酸にメタノールを反応させるとサリチル酸メチルになる。これは筋肉痛を緩和する貼り薬の形で頻用されている。

一方，古代エジプトにパピルスにはすでにケシの汁に痛み止めの効果が記されていたほど，ケシ科の植物から得られるモルヒネはきわめて強い鎮痛効果があり，胃けいれんや胆石，末期のがんなど激痛を伴う場合も効果が期待できるといわれる。

ケシの未熟果実に傷をつけ，滲みだした汁を乾燥させると生アヘンが得られる。アヘンはケシ科植物のアルカロイドで20種以上の成分が含まれる。中国では，イギリスからのアヘンの密売禁止を巡って「アヘン戦争」（1840-1842年）が起こったのも，アヘンが痛みを抑えかつ陶酔感を生じさせることが一因である。このアヘンに約10％含まれるアルカロイドの最大成分がモルヒネである。1805年にドイツでアヘンから抽出された。

モルヒネの鎮痛効果はきわめて大きいが離脱症状を引き起こすこともしばしばで麻薬に指定されている。モルヒネに塩化アセチルを化合させて作るのがヘロイン（ジアセチルモルヒネ）である。使用した場合，中毒，離脱症状を起こしやすく，死に至る場合もしばしばといわれる。ヘロイン中毒は麻薬中毒の中でもっとも治療が困難といわれている。

精神安定剤

従来，統合失調症の患者に対する治療は，電気ショックを与えるなどのショック療法が使われる程度であった。こころの病から脱却するための薬物は，第2次世界大戦後にようやく本格的に開発されるようになったものである。

1950年代初頭，フランスの医化学者ラボリ（Henrri Labori，1914-1995）は，クロルプロマジンとよばれる薬物を精神的疾患がある患者に投与すると興奮が抑えられ，冷静になる効果があることを見出した。少量でも鎮痛効果があり，大量に投与すると冬眠のような状態を人工的に作り出す作用があった。そのため，この薬物は精神的疾患の治療薬として高く評価されたのであった。長年，精神科病院の閉鎖病棟と呼ばれる必要に応じて拘束が行われる場合もある病棟の入院患者の待遇改善に大きな効果があったといわれている。

同じ頃，スイスの製薬企業がインドで古くから高血圧や精神的な錯乱状態を鎮める効果がある民間薬として知られていたインド蛇木の成分を確定するのに成功した。植物アルカロイドの一種レセルピンである。これによりショック療法がなくなり精神的疾患の治療に大きな変化がもたらせられた。しかし，これらにも，たちくらみや発疹，肝臓障害，手足の振るえ（パーキンソン症），白血球数の減少などの副作用が起こる場合が知られている。

幻覚剤

1943年，スイスのある製薬企業の研究員がライ麦の麦角アルカロイドを人工的に合成する研究をしていた。その時，たまたま彼がこの物質を吸い込んでしまったところ，まるで万華鏡の中にいるような幻覚，めまい，錯乱，奇妙な不安感，自分が自分でないような感覚(離人感)などを覚えた。しかし，これらの症状は翌日には消えていた。元来，ライ麦はヨーロッパでは主食の一種だが，麦黒菌が付いて黒くなった麦を食べると頭痛や嘔吐，けいれんなどを起こすことが古くから知られていた。一方，麦角を適量，妊婦に与えると子宮筋の収縮を促進させる効果があり，お産の手助けになりうることも知られていた。

このような麦角のアルカロイド合成物はリゼルグ酸ジエチルアミド(Lysergin Saure Diethlamide)の頭文字をとってLSD（正式にはLSD-25)と名づけられた。アメリカでは，当時，麻薬取締法の適用外であったことから多くの乱用者がでた。しかし，1966年には国際連合が法的処理を行うようになった。日本では1970年に麻薬指定されている。

また，「幻覚性きのこ(マジックマッシュルーム)」は，幻覚ばかりか呼吸困難に陥り，死に至る場合がある。

覚醒剤

中枢神経を興奮させ，気分の高揚，精神の安定，疲労感の解消などの覚醒効果をもつ物質にアンフェタミンやメタンフェタミンなどがある。いずれも19世紀末に合成されたものである。中国では，古代から咳止めに麻黄とよばれる植物の茎の抽出液を利用していた。ドイツで有機化学を学んで帰国した長井長義(1845-1929)は1885年にこの麻黄に含まれ咳止めに効果があるエフェドリンを発見した。この物質は鎮咳剤(咳止め)として世界的に普及していった。彼はまた，メタンフェタミンも見出し，1893年には人工的な合成に成功した。アンフェタミンはうつ病の治療薬として，メタンフェタミンは麻酔剤中毒の治療薬として利用されていたが，1930年代にともに覚醒効果をもつことが知られ，軍隊や軍需工場などで使用されるようになった。

日本では1941年にメタンフェタミンが「ヒロポン」という名で商品化され，第二次世界大戦で使用された。兵士には士気の高揚に，軍需工場や基地に動員された人たちは徹夜作業の居眠り防止や疲労の回復に用いられたという。そこから常用者を生み，また，戦後の混乱期には軍用のヒロポンが流出して，服用者が増加した。そのため，1949年に製造中止勧告，1951年には「覚醒剤取締法」が制定された。服用を中断しても「フラッシュバック(再燃)」が起こることがある。

麻薬はアヘン系，合成麻薬系，コカ系，カンナビノール系に分けられる。アヘン系はモルヒネ，ヘロインなど，合成麻薬系はLSDなどである。コカ系にはコカインがある。コカの木の葉から抽出されるアルカロイドで1800年に単離された。アンデス山脈が原産地であるが，当地の先住民族はコカの葉をかむと気分が爽快になることを知っていた。精神的高揚から多幸感を生み出し，疲労感をなくすといわれる。反面，ここから習慣化も起こることなどから麻薬指定されている。コカインには種々の加工された形のものが摘発されている。カンナビノールは，大麻から得られるものでマリファナともよばれる。大麻はクワ科の一年生草で中央アジアが原産とされる。幻覚や笑い出す作用，陶酔感を引き起こしたりする。学習障害や記憶障害が起こることがある。これも樹脂状の「ハシッシュ」など様々な形のものが知られている。

麻薬は「魔薬」といわれるように，使用により依存性，離脱症状が起こり，やがて通常の生活を営むことができなくなり，死に至ることがある。まさに「人間止めますか？」という麻薬撲滅キャンペーンが繰り返される(図Ⅲ－7)ほど，恐ろしい有害物質である。あらためて麻薬のもつ恐ろしさを十分認識し，強い意志や自覚をもつことが望まれる。21世紀に入ってから覚醒剤による検挙者数は減少傾向にあるとはいえ，2009年では年間約11,800人が検挙されている。2012年には11,842人であった。

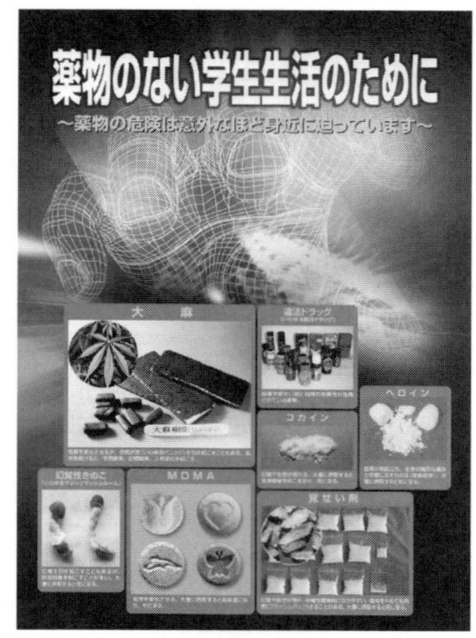

図Ⅲ－7　麻薬撲滅キャンペーンポスター
（文部科学省・厚生労働省・警察庁）

Ⅲ－2　がんの諸問題

（1）　がんの生物学

がんとは

現在，日本人の死因の第1位はがんである。1998年には約26万人ががんで死亡し，さらに増加傾向が見られる。成人では，約3人に1人近くががんを患いこの世を去っている。厚生労働省大臣官房統計情報本部がまとめた各年度の「人口動態統計」によれば，第2次世界大戦直後の1947（昭和22）年の死因の第1位は結核，第2位肺炎・器官支炎，第3位胃腸炎であった。高度経済成長政策が打ち出された1960（昭和35）年では第1位は脳・血管疾患，第2位がん，第3位心疾患となり，この順は1980年まで変わらない。そして，1981年にはついに第1位はがん，第2位脳・血管疾患，第3位心疾患となり，それ以降連続してがんが死因の第1位を占めている。また，がんによる死亡者の実数は1947年：53,886人，1960年：93,773人，1970年：119,977人，1980年：161,764人，1995年：26,2952人，2005年：325,941人，2010年は約34万人と年を追うごとに増加している。全死亡者に対するがん死亡者数の割合も1947年には約4.7％であったものが，1955年11％，1965年15％，1985年25％，そして1995年には約29％にまで上昇し，2009年で30.1％と30％を超えるまでに増加した。2013年はがん対策の効果も顕著で約28％であった。

こうした傾向は，伝染病を克服した先進工業国では共通である。そこで，がんについては「人類最大の敵」とか「最後の難病」などと形容されている。がんと生命倫理が直面する事態は，「がんの告知」と「末期がん」に関するものである。これらを理解するために，まず，がんそのものについての基本的な特徴をみておこう。

正常な組織ではそれを構成する細胞同士が必要以上に増殖しないように，細胞分裂を調節する機構が存在する。この機構がなんらかの原因で働かなくなると，細胞が異常に増殖を始め，ほとんど無限に増え続けてしまう。この異常(過剰)な増殖を示す細胞の集団が「腫瘍」である。そして，この腫瘍により死を引き起す場合を一般に「がん」(悪性腫瘍)とよんでいる(図Ⅲ－8)。

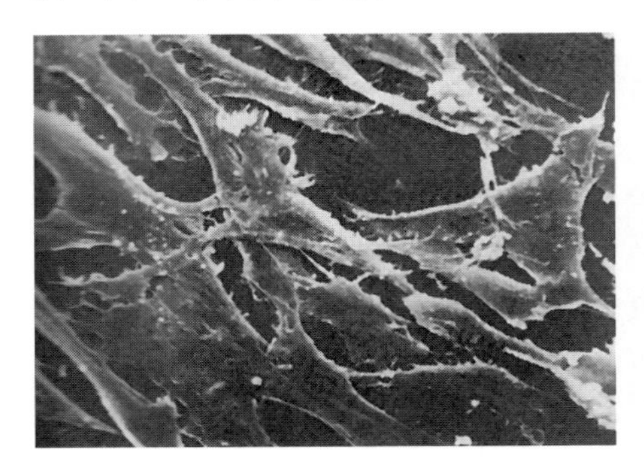
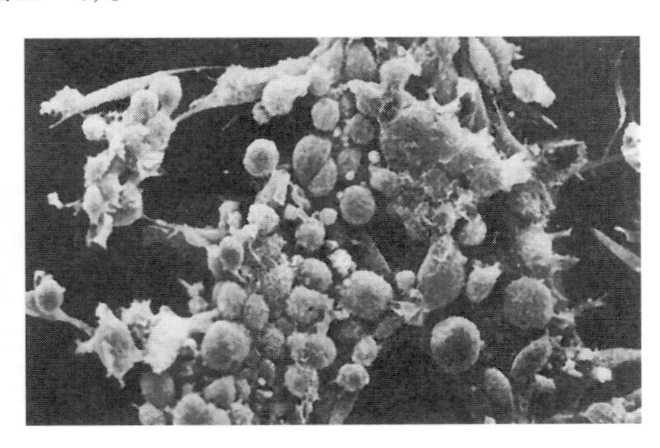

図Ⅲ－8　正常な細胞(左)とがん細胞(右)

がんは髪の毛と爪以外は体のすべて部位に発生するといわれるほど全身性の疾病である。

1970年代から90年代にかけてのがんが発生する部位をみてみると，男性と女性とは異なり，男性では肺がん，大腸がん，肝がんが増加し，女性では子宮がんは減少しているものの肺がん，大腸がん，乳がんが増えている。胃がんについては男女共に減少している。

1951年，子宮頚部がんを患っていた女性からがんの部分の組織が取り出され，体外で培養され「ヒーラ(HeLa)細胞」と名付けられた。この細胞はがん細胞の性質を示し，今日でも世界中の多くの研究機関で培養されがんの研究に利用されている。まさに不死の細胞である。がん細胞はリンパ管や血管などを介して体の別の場所へ容易に「転移」する性質がある。また，転移した場所で新たに異常増殖を開始し病巣を示す場合を「浸潤」とよんでいる。

がんの原因

がんが起きる原因はさまざまである。放射線やX線，紫外線などを浴びて生じる物理的作用によるものが約5%。スス，タバコの煙，焼け焦げ，ワラビの成分，排気ガスなどのがんを引き起す物質によるものが約90%，実験動物に投与した場合にがんを引き起す物質を「発がん物質(発がん性化学物質，変異原物質)」とよんでいる。バーキットリンパ腫，肝臓がん，子宮頸部がん，ある腫の白血病はがんウイルスによって引き起されるが，こうしたウイルスによるものが約5%である。

また，家系調査からがんに患いやすい体質があるともいわれている。しかし，メンデルの遺伝の法則に従うような明確な規則性をもって遺伝するがんはない。大腸全体にポリープができ，それからかなり高い確率でがんへと進む「家族性大腸ポリポージス」は例外的に遺伝が認められるが，この種のものは眼の網膜や神経繊維にできるがんなど極めて少数である。一卵性双生児で，一方がある種のがんに罹り，もう一方も同じがんに罹った事例から親族への遺伝性を疑うものもいくつか指摘されている程度である。むしろ問題となるのは，老化とともに，がんに罹りやすくなることである。例えば，胃がんではその死亡率が40歳から80歳まで加速度的に増加している。

日常口にしている食事も成分によっては，がんの大きな発生原因になりうるし，動物実験からは肉体的ストレス，精神的ストレスともにがんの発生や増殖に悪影響を与える可能性が指摘されている。

発がん機構

がんが発生する機構は，人工的にがんを引き起こす実験から解明の糸口が見出だされた。1914年東京帝国大学医学部の病理学者，山極勝三郎(1863-1930)と彼の下で研究を行っていた獣医学者，市川厚一(1888-1948)は，ウサギの耳にコールタールを繰り返し塗付したところがんが発生することを確認した。これは世界初の人工がんの発生実験成功であった。

こうした実験結果を基に，発がんの機構は，次のように考えられている。正常ながん細胞ががんを引き起す性質をもつ物質(開始因子，イニシエーター)によって，細胞内のDNAに変化が起り潜在的にがん細胞になりうる過程(イニシエーション)と，このような潜在的にがん細胞になるうる細胞に働きかける物質(促進因子，プロモーター)が作用して実際にがん化が促進される過程(プロモーション)である。この考えは「発がんの2段階説」とよばれている。

具体的には次のようである。たとえば，マウスの皮膚にそれ自体では発がんしない程度の薄い濃度のベンツピレンのような発がん物質を塗っておく。次にハズの種子から得られるクロトン油のようなそれ自身には，発がん性がない物質をベンツピレンを塗った場所に繰り返し塗りつける。すると，この部分にがんの発生がみられる。この場合ベンツピレンがプロモーター，クロトン油がプロモーターにあたる。

しかし，すべての発がん物質がイニシエーターとしての作用をもつわけでないし，特定の臓器にのみイニシエーションを起すものもある。また，最近ではイニシエーションとプロモーションの過程をさらに細かく分けた方がより発がんの過程の実態の説明にかなっているとする説が有力になっている。このような考えを「発がんの多段階説」とよんでいる。

がん遺伝子

なお，がんが生じる仕組みについては，上述の発がん機構と関連して「がん遺伝子」の役割に多くの研究が費やされている。がん遺伝子と聞くとがんを引き起す原因の遺伝子のイメージがあるが，この理解では不正確，不十分である。がん遺伝子の研究は，1960年代末からのがんウイルスががんを発生する機構の探究から明かになってきたものであった。

1969年にアメリカ国立がん研究所のヒュブナー(Robert Joseph Huebner, 1914-

1998)とトダロ(George J. Todaro)は「発がん遺伝子仮説」とよばれる考えを提示していた。これは脊椎動物の細胞には働いていない状態の「がん遺伝子」が存在し，それが発がん物質やがんウイルスにさらされると働き出し，細胞をがん化するというものであった。すなわち，細胞の中にがん遺伝子が存在することを示すものであった。

1975年には，ニワトリに肉腫を発生されるウイルスである肉腫ウイルスから細胞をがん化する遺伝子「src」が発見された。また，ラットの肉腫からは「ras」と名づけられたがん遺伝子が分離されている(1982年)。こうしたことから，がん遺伝子は，ある種のウイルスが保持しているもの，動物細胞の内部に存在するもの，細胞内にあって，突然変異によりがん遺伝子に変わるもの，がん細胞の増殖を推進する働きをもつ物質をつくり出すものや，増殖を止める働きがある「がん抑制遺伝子」の働きを妨害するもの，死ぬべき時期にきても死ななくしてしまう働きをもつものなどが知られている。

(2) がん治療最前線

外科手術

がんに罹った場合，どのような治療がなされているのだろうか。がん治療の現状をみてみよう。

がんの治療法でもっとも効果があるのが外科手術である。早期がんであれば90%は回復する。ところが進行がんになると40%以下の回復率といわれる(すなわち，60%は再発の恐れがあることを意味する)。進行がんでは転移の可能性があるからである。手術では，がんが発生した臓器とその周辺のリンパ節(リンパ腺)を含めて切除する。

手術をすれば回復率が高いとはいえ，いくつかの問題があることはいうまでもない。従来，たとえば乳がんの外科手術では19世紀末に考案された乳房とその下の筋肉(胸筋)，わきの下のリンパ節までまとめて大きく切除する方法が最善と考えられ，そのように実行されてきた。しかし，筋肉を残した手術と残さない手術でも乳がんの治癒率に統計的に有為な差が認められないことから1970年代から欧米では5cm以下の乳がんについては乳房を切除せずに，がんがある部位のみを取り除く「乳房温存療法」が実施され，以降この方法が一般化するようになってきた。

この乳房温存療法を知らずに従来の手術を受けた患者は，次のような感想を述べている。「私には九歳と三歳の子供がおります。退院後，一緒にお風呂に入ろうよと子供にいわれても，傷あとをみて子供の受けるショックを考えると，一緒に入浴する勇気は私にはありません。私は乳房を失ったためのコンプレックスを持って残された人生を生きるのは，あまりに切ないと思います」。日本でも1980年代後半に入ってこの方法がとられるようになってきた。乳房温存療法によるがんの再発は約1%といわれている。同様に臓器を可能な限り温存する療法は，直腸がんにもみられ，従来の肛門を切除し人工肛門を造成していた場合も肛門をなるべく残す方策を考え，現在では人工肛門は直腸がん患者の3分の1以下になっている。

また，将来結婚，妊娠，出産を考えている未婚女性に子宮がんあるいは卵巣がんが生じた場合，一命を取り止めるために子宮や卵管，卵巣などの切除をしなければならない事態も考えられる。こうした場合，その後の人生をどのように送るかも大きな問題である。さらに，仮に外科手術が首尾よく成功したとしても肝がんや肺がんの場合では，手術後3年間生存した患者の割合は10%台と厳しい現状がある。

放射線療法

この方法は，がんの病巣にX線などの放射線を照射してがんの部位を焼滅，破壊してしまうものである。しかし，がんの種類によっては放射線への感受性が低く焼滅しにくい場合や正常な細胞まで破壊してしまう恐れもある。この方法は外科手術と併用されることも多く上述の乳房温存療法では切除部位にX線を照射し，再発の予防をしている。

近年，X線よりも強力な速中性子線，局部に集中させる熱中性子線，さらには陽子線，重粒子線，パイ中間子線を使った療法も試みられている。これらの方法は「原子炉療法」とよばれている。放射線療法を受けると体力の消耗が激しいという報告や，放射線自体の発がん性を懸念する考えもある。

抗がん剤

がんを抗がん剤，制がん剤とよばれる薬物によって治療する方法ががんの化学療法である。がんの薬物治療は意外なところから道が開かれた。それは毒ガス兵器の作用からであった。第1次世界大戦時の1917年7月，ドイツ軍はベルギーのイープルの戦場でビス(2－クロロエチル)スルフィドを原料とした毒ガス兵器「イペリット」(からしの臭いがすることからマスタードガスともよばれた)を英仏軍に対して使用した。この液体に触れると粘膜や皮膚がただれ，吸い込むと肺や他の臓器の機能が低下した。骨髄のような造血器官の機能が低下すると，白血球の生産も低下する。逆に考えれば，白血病のように未熟な白血球が異常増殖する疾病には，このイペリットを用いると効果があるかもしれないということになる。

この考えから1950年代に入り，イペリットの化学構造を少し換えたナイトロジェンマスタードにがん細胞を破壊する作用が見出された。そして，実際に白血病を初めいくつかのがんに治療効果があると報告されたのである(この物質は発がん物質としても作用することが知られている)。ナイトロジェンマスタードは，化学反応としてはパラフィン炭化水素から水素原子を一つ外す「アルキル化反応」を起こす。そこで，この反応を導くアルキル化剤が制がん剤開発の端緒となったのである。

アルキル化剤　がん細胞中でアルキル化反応，すなわちDNAの塩基のグアニンの水素原子を抜き出し，DNAの構造にひずみを起してがん細胞の増殖をできにくくしようとするものである。白血病やリンパ腫の治療に利用される。しかし，副作用として脱毛や骨髄の機能の低下がみられる。

代謝拮抗剤　生体内で起っている化学反応は酵素によって調節を受けるが，酵素は基質と特異的に反応する。代謝拮抗剤は基質よりも強く酵素と反応して，酵素反応を阻害する。これによりがん細胞の増殖に必要な物質の合成が抑制されることになる。代表的な薬物に5－フルオロウラシルがある。これは遺伝子の本体DNAを構成する塩基の一種のウラシルにある1個の水素をフッ素に換えたものである。消化器系のがんに有効とされるが，副作用も大きいことが知られている。

抗がん性抗生物質　自然界に存在する微生物ががんの増殖を阻止する物質を生産している場合がある。ある種の放線菌から抗がん作用をもつ抗生物質が発見されている。マイトマイシンCやアドリアマイシンには胃がんや乳がんのような固形がんに，ブレオマイシンは皮膚がんやリンパ腫に効果があるとされている。

微小管形成阻害剤　植物アルカロイド(アルカリ性を示す基になる物質)を利用したもので，ツルニチニチソウに含まれるアルカロイドのビンブラスチンやビンクリスチンなどがある。この物質はがん細胞が分裂して増殖する際に，その細胞分裂を阻止する働きがある。細胞分裂に関係する細胞内小器官(オルガネラ)として微小管から構成される分裂装置が存在するが，植物アルカロイドはこの微小管の形成を阻害し，分裂装置の機能を働かさせなくする。その結果として細胞分裂が阻止されるのである。白血病やリンパ腫に効果があるとされる。強力な抗がん剤であるが，白血球や血小板の減少，腹痛，嘔吐，脱毛など副作用も大きいことが報告されている。

これら以外にも，内分泌療法に用いられるホルモン剤も化学療法剤の一種である。乳がん，前立腺がん，甲状腺がんなどは体内のホルモンに依存してがんが増殖することが知られている。そのため，その体内のホルモンに対抗して作用を打ち消す薬物を投与して，がんの増殖を阻止することが試みられる。また，この療法には卵巣や精巣，副腎，下垂体などのホルモンを生産する内分泌器官を外科手術的に切除し，ホルモンの合成を阻止あるいは抑制して，がん細胞の増殖を食い止めようとする場合もある。これらの抗がん剤の副作用には，脱毛，色素沈着，皮膚炎，肝細胞壊死，肝硬変，腎障害，口内炎，咽頭炎，食道炎，不整脈，骨髄抑制などが知られている。

このような抗がん剤の難点に対して免疫療法は，生体に本来備わっている免疫機能(抵抗力，自己回復力)を高めてがんの増殖を防ごうというものである。このような作用をもつ薬物を免疫療法剤(免疫修飾剤)とよんでいる。体内で突然変異細胞が生じるとそれを見つけ出し破壊する作用があるリンパ球などの働きを増加しようとするものである。溶連菌という名の細菌の本体から抽出された「ピシバニール」やサルノコシカケから調製された「クレスチン」などが代表的である。

ピシバニールは消化器がんや上顎がんに，後者は胃がん，食道がん，肺がんに効果があるとされた。ピシバニール，クレスチンは，ともに1970年代半ばに開発され，80年代初頭には全抗がん剤の売り上げ(約1,200億円)の過半数(両者で約700億円)を超えた。副作用はほとんどないといわれたが，実は制がん効果も期待したほどではなかったのである。1980年代半ばから実際の使用が激減し，1989年にはこれらを単独で投与しても効果がみられないと結論づけられた。

しかし，免疫療法剤自体は，マクロファージやナチュラルキラー細胞などの体内の免疫機能を高めることが知られている。がん細胞への攻撃力を増加させた新型の薬物の開発が進んでいる。そして，1990年代に入るとがん細胞だけを狙った治療薬である分子標的薬が開発されるようになった。1998年にアメリカで認可された乳がんの治療に関係するトラスツズマブ，商品名「ハーセプチン」や2001年の骨髄性白血病などの治療薬として利用されるイマチニブ，商品名「グリベック」などがある。

（3） がんと生命倫理

がんの告知

うすうす感じていた，あるいはまったく自覚がなかった，のいずれにせよ，病名を「がん」と告げること，すなわち，「がん告知」も生命倫理の大きな課題である。まさに，「がん告知」をすれば大変，しなければもっと大変」といわれるほどである。とくに，日本では「がん」と聞くだけ死病のイメージがあった。がん告知イコール死の宣告と感じられたのである。そこでがんの患者に病名を告げると本人が精神的なショックを受け，かえって死期を早めてしまう可能性があり，告げずにいることが多かった。アメリカでも1960年代初頭には，がんを告知していなかったといわれる。しかし，日本でも1970年代頃からがんの告知をめぐって議論がなされるようになってきていた。

がん告知は，たとえば早期のがん，手術などにより回復が考えられるのであれば，むしろ早めに告げた方が好ましい場合が多い。がん告知の問題は，回復の可能性が望めない場合，すなわち，かなり進行したがんや末期がん，あるいはがんが再発した場合などが考えられる。がん告知は，告知の現状，告知の目的，告知の条件，告知のメリット・デメリット，告知された患者の心理，告知後のケアなどすべて生命倫理に関わる問題をはらんでいる大きな問題である。

まず，どの程度がんの告知が行われているか，その実情をみておこう。

1994年に厚生省(現厚生労働省)ががんで亡くなった遺族に行なった調査では，はっきりとがんを告知していたのは約20%であった。一方，予後不良すなわち回復の見込みが望めない場合にも，がん告知を希望するかという新聞社が1996年に行ったアンケートでは，知らせて欲しいが66%，欲しくない31%，無回答3%で，3人に2人は告知を望んでいることがわかる。1989年に行った同じ調査では，知らせて欲しいが54%，欲しくない44%，無回答2%であったので，がん告知を望む人が増え，望まない人の割合が減少している傾向が認められる。がん告知については，しばしば外国との比較が問題になる。「アメリカではすべて告げられ，イギリスでは希望するものには告げられ，日本では希望する者にも告げられない」といわれる。

告知のメリット，デメリット

それでは告知によってどのようなメリット，デメリットが考えられるのだろうか。これについては，多くの論考がある。

1　患者が死を受容し，平静な心で家族に看取られ，生を完結することができる場合が多い。
2　真実を告げることにより，患者自身が判断し，患者の意思を述べる機会ができる。
3　告知により，医師と患者，家族の意思疎通が図られ，信頼関係が保たれる。
4　告知により，患者が仕事や家族などの問題を整理し，残された時間を有意義に過ごすことができる。
5　告知しないことによる法的なトラブルや患者が不利益をこうむることを避けることができる。

一方，医療従事者からは，がん告知の厳しい状況ついても言及されている。日本でがん告知を阻む要因として
1　死をタブーする精神風土
2　がんイコール死とみなす偏見
3　古き時代の医の倫理
4　個の未確立（以心伝心など曖昧さを好む国民性）
5　終末期医療の体制の不備
6　終末期医療にかかわる意思の意識の欠如

逆に，告知をすべきでない場合の指摘もある。
1　確実に死を目前にしている。
2　全身状態が極度に悪く，肉体的に極めて劣悪な条件にある。
3　がんの告知により精神的に絶望にまで追いつめる可能性がある。
4　本人の言動より積極的に告知を望んでいると考えられない。

がん告知を受けた患者の心理

がん告知を受けた患者の心理については，スイスに生まれアメリカで精神科医として活躍したキュブラー・ロス（Elisabeth Kubler ＝ Ross, 1926-2004）が約200人のがん患者へのインタビューを基にまとめている。そのプロセスは次のようである。

否認 ⟶ 怒り ⟶ 取り引き ⟶ 抑うつ ⟶ 受容

まず，告知を受けると患者は「否認」，すなわち自分はがんではないとか診断が誤っているなどと思う。「怒り」では，なぜ自分ががんでなければならないのだと怒り，それを身近な人や心を許しやすい人にぶつける。「取り引き」では，奇跡を期待したり，新たな治療法を求めたり，何とかしたがる。神と取り引きしようとする段階である。「抑うつ」ではすべてに絶望し，何もする気がなくなる。希望がもてず，口数が減ってくる。そして，自身の運命，すなわち死を「受容」するのである。

しかし，このプロセスはアメリカ人を対象としたもので，がんの告知が一般化しているなかでのことであり，日本人の場合には異なる結果になる可能性が指摘されている。

告知後の患者のケア

告知後にどのように患者をケアをすればよいのか，なかでも精神的ケアの重要性が指摘されている。患者自身への精神的ケアとして，患者が不安や恐怖を訴えた場合には患者のそばで話しを聞き，気持ちを楽にすることや孤独を感じさせないことが求められる。また，うつの状態には家族や近親者とコミュニケーションをとり孤独感を与えないことが必要である。もちろん，重度のうつ状態に陥った場合には，精神科医の判断とインフォームド・コンセントにより抗うつ剤の使用が考えられる。

家族や遺族への精神的ケアも必要である。家族としては看護の疲労やストレス，患者の死に対する不安や恐怖などが生じる。医師や看護者，医療ソーシャル・ワーカーなどと相談し，気持ちを落ち着かせ安定させることが必要である。電話相談を実施しているホスピスも知られている。また，亡くなった際には，ショックや寂しさ，無力感などが起こる。こうした場合，同じ境遇にある家族とネットワークを構築する，あるいは，すでにあるネットワークへ参加していくことで，悩みの解決や立ち直りを目指すことが可能である。

Ⅲ－3 先端医療技術

（1） クローン生物

クローン(clone)とは，ギリシャ語の klon「挿し木」に由来し，クローン生物の誕生は，クローンガエルの誕生から始まったのだが，詳細については後に説明する。クローンとは，同一の遺伝子を有する細胞，もしくは個体について互いにクローンであると定義される。クローン細胞はどのように作り出せるのだろうか。漫画パーマンに出てくるコピーロボットは，赤い鼻の頭を押すだけで，クローンを作り出せてしまうが，生物のクローンはもう少し複雑である。近年話題のES細胞やiPS細胞の誕生のきっかけは，クローン生物誕生により，それ以前の常識が塗り替えられたことである。すなわち，ES細胞やiPS細胞についての詳細は後述するが，これらの万能細胞の発見には，先行研究のクローン技術や研究が大いに貢献したのである。その結果，受精卵の核以外も処理の仕方により分化全能性を獲得できること，更には分化した細胞の核も全ての遺伝子を有することなど，現代の再生医療に発展する生命科学の基礎的認識の革命が起きたといえる。

動物や植物のクローニングは生物個体のクローニングが可能か否かを調べることから始まった。それは，生物個体のすべての細胞は同一の遺伝子をもっているのか？それとも，分化の過程で細胞が遺伝子を失っていくのか？という点にあった。この疑問に答える方法として，一度分化した細胞が生物個体を再生することができるかという課題があった。

分化した1個の細胞から植物全体のクローニングが可能であることを最初に成功させたのは，コーネル大学のスチュワードのグループである。1958年，スチュワードは，ニンジンの形成層から未分化状態のカルス(Callus)を得た。これを用いて特殊な栄養培地から根が形成され，分化した細胞をもとに，植物ホルモンなどを含む栄養培地で培養すると，遺伝的に同一な正常な植物体が発生した。この結果から，少なくとも植物細胞は分化全能性(totipotency)を持つことが示された。分化全能性とは一つの細胞がもつDNAに，1個体の全ての細胞に必要な遺伝子情報がすべて備わっているだけでなく，受精卵のように分裂増殖する過程ですべての組織の細胞へと分化できるような，どんな細胞にも分化できる能力をもつことをいう。

動物の場合は，分化した細胞は培養液中でも分裂増殖せず，他の細胞に分化することもなかったので，植物の細胞のような方法では検証できなかった。そこで，動物細胞における細胞のtotipotencyの検証には，未受精卵もしくは，受精卵から核を除去し，代わりに分化した細胞から核を抜き取り，この核を，核が取り去られた未受精卵または受精卵の細胞質に新たな核を導入する「核移植」とよばれる手法がとられた。なぜ，このような手法を駆使してまでクローンの作製が可能か否かを確かめようとしたかというと，この当時の生物学では，1個体の生物の全ての細胞は，同一の遺伝子を持っているのか？不明であった。言い換えれば，細胞は特定の働きをする細胞に分化する時，特定の働きに関係する遺伝子が働く(遺伝子発現という)が，必要な遺伝子以外は発現しない。発現しない遺伝子は必要ないので，必要な遺伝子以外は失ってしまう？　のではないかと考えられていた。

分化した細胞の核は遺伝子の一部を失っているならば，分化した細胞の核を「核移植」された卵からは，正常な個体は生まれないと予測される。けれども，分化した細胞の核に，すべての細胞に分化するために必要な遺伝子が(失われることなく)すべて残されているならば，分化した細胞の「核」を移植したとしても，正常な1個体が生まれる可能性がある。

動物のクローン誕生

動物の受精卵は皮膚や神経，筋肉など体を作るどんな細胞も生み出す能力(万能性)を持っている。受精卵が卵割(細胞分裂)により2個，4個と分裂した初期の胚も万能細胞でできている。しかし，その能力は分裂回数が増えるにつれて失われると考えられてきた。ドイツの動物学者アウグスト・ヴァイスマン（1834-1914)は，1890年代に生殖細胞と体細胞について一つの説を唱えた。ヴァイスマンは，生殖細胞が唯一全ての能力，すなわち，万能性をもっており，分化した体細胞は生殖細胞の能力を失っていると考えた。つまり，「体細胞になる際に不必要な遺伝子を失っている」という考えが長らく発生学の常識であった。しかし，この学説は実験的に根拠は示されていなかった。

動物の細胞にける分化全能性を確かめる実験として，核移植による実験が考案された。ロバート・ブリックス(1911-1983)とトーマス・キング(1921-2000)は，1952年，ヒョウカエルのクローンオタマジャクシの成功を報告した。ただし，クローンの成功は初期の胚の核を移植した場合は成功したが，尾芽胚(びがはい)の体細胞の核を移植した場合はオタマジャクシにはできなかった。ただし，尾芽胚の細胞でも将来精子や卵の元となる生殖細胞の核の移植では成功した。ブリックスとキングの実験は，一度分化した体細胞の核は遺伝子が足りなくなっているという説を裏付ける結果であった。そこで，彼らは受精卵の初期の卵割した細胞内の核には全ての遺伝子があるが，発生するに従い，分化した細胞では必要のない遺伝子は失われていると解釈された。それ以降，分化した細胞の核は，不完全な遺伝情報であると考えられていた。

クローンガエルの誕生

その定説が誤りであることを発見したのが現在，イギリスのケンブリッジ大学名誉教授のジョン・ガードン(1933-)であった。ガードンは後に山中伸弥京都大学教授と2012年にノーベル医学生理学賞を受賞することになるが，オックスフォード大を卒業後，カリフォルニア工科大からケンブリッジ大へと移り，ガードンは1962年，アフリカツメガエル(*Xenopus laevis*)を用いて，紫外線照射で核を破壊した卵にオタマジャクシの腸の上皮細胞の核を核移植したところ，正常に発生しクローンオタマジャクシを誕生させた。さらに1966年，同様のオタマジャクシをカエルにまで発生できたと報告した。この結果は，それまでの定説を覆し，分化した細胞の核にも全ての遺伝情報が備わっていることを証明した大発見であった。

クローンガエルの誕生の意味について，説明する必要があるだろう。クローンガエルの誕生にはどんな意味があるのか。それは大きく分けて2つの重要な生命科学における意味がある。

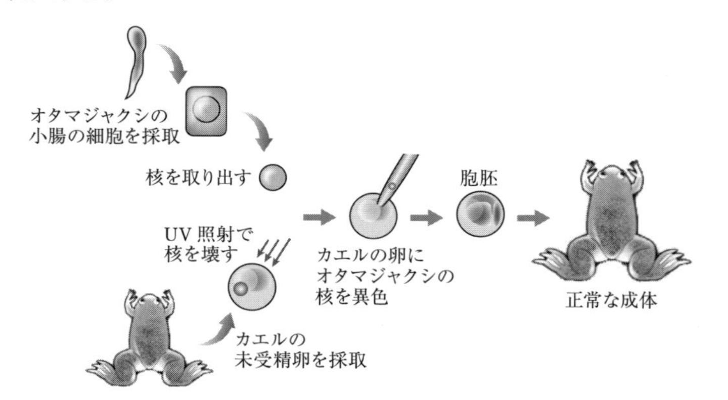

図Ⅲ－9　ガードンによる「クローンガエル」の実験

一つ目は，核移植に用いた腸の上皮細胞の核は体細胞の核である，ということである。これまでの常識では初期胚の核は発生に必要な全ての遺伝子を含んでいるが，ブリックスとキングらの実験では，尾芽胚(すなわち体細胞)の核はクローンを作れないといわれていたが，ガードンはこの問題について，「オタマジャクシの体細胞の核でもクローンが誕生できる」ことを新たに示した。この事実は，体細胞の核にも発生に必要な全ての遺伝子が備わっていることを示したのである。

2つ目の重要な意味は，卵細胞の細胞質には分化した細胞の核を初期化する何らかの仕組み(未知の物質かもしれない)があることを初めて示したことである。この

2つ目の意味は未だにどのようなメカニズムが卵細胞の細胞質にある仕組みであるかについては未解決である。しかし，この発見こそが，山中伸弥のiPS細胞誕生の大きなヒントになった。

クローン誕生によって，細胞の分化により一度，特定の遺伝子発現に特化した細胞へと変化した細胞の核の遺伝子は，必要な遺伝子だけでなく，すべての遺伝子は残っており，特定の遺伝子だけが発現できる状態になってはいるが，条件が整えば再びすべての遺伝子は発現できる状態へと復活できることが解ったのである。クローンガエルの誕生は，核移植により1個体の受精卵を人工的に大量に作り出せるということよりも大きな意味があったのである。iPS細胞は一度分化した皮膚の細胞を使って受精卵と同じ未分化の万能細胞を生み出すことになったが，そこには分化したはずの皮膚の細胞の核の遺伝子を皮膚だけではなく，受精卵と同じ状態の核の遺伝子に変えるために，受精卵と同じ細胞質の状態に近いES細胞をヒントに開発されたのだが，詳しくはiPS細胞の説明で再び解説する。

画期的は実験と大きな発見であったが，ガードンの研究は，当時の多くの研究者たちはオタマジャクシのような幼生の細胞だから分化した細胞でも遺伝子は失われていないのだろうと考えられて，哺乳類のような，より複雑な動物では依然として定説が信じられていた。ガードンは，その後，大人のカエルの核を移植したクローンを誕生させた。しかし，哺乳類とカエルでは大きく違うのではないかという疑問は払拭できず，哺乳類によるクローン動物の誕生を待たなければならなかった。ガードンによるクローンガエル誕生から35年後，ガードンが主張した一度分化した細胞の核は，受精卵の核の状態に戻すことが可能であるという，核の初期化(reprogramming)を支持する結果が羊を用いた研究により証明された。

クローン羊ドリーの誕生

イギリスのロスリン研究所のウィルマット(Ian Wilmut, 1944-)によって，羊の乳腺の細胞の核を低濃度の血清中で処理することで，核の初期化を促し，その後，除核した未受精卵に血清処理をした体細胞(乳腺細胞)の核を移植し，受精卵を母体にもどしたところ，クローン羊「ドリー(Dolly)」が誕生した。その後，ウシ，ブタ，マウスなど様々な哺乳類でクローンは成功した。ガードンのクローンガエル誕生から40年近くたって，ついに，不可能と思われた哺乳類においても，分化した細胞の核を用いたクローンを作り出せることが証明された。しかし，クローン羊，ドリーは，誕生から6年目にして老化による関節症の病状が悪化し，安楽死させられた。

図Ⅲ－10　クローン羊の「ドリー」(左)と「母羊」(右)

ドリーのDNAは正常な羊に比べて染色体の末端にあるテロメアが短いという特徴が生前から判明しており，核の遺伝子発現は初期化されていたが，DNAの寿命の初期化は不完全だった可能性が考えられた。テロメアは，発生の初期では長いが細胞が分裂し個体としても年齢が増すにつれて短くなり，加齢の一つの目安と考えられている。生殖細胞ではテロメラーゼというテロメアを伸長させる酵素が働き，テロメアを長く保っている。分化した細胞は，テロメアの伸長はおこらない。そのため，通常細胞は50回ほど分裂したところで，テロメアが短縮してそれ以上分裂できない限界に達する。ドリーは生まれつきテロメアが短かったことが判明しているが，核移植に使われた体細胞の核に問題があったからなのか，それとも，クローン誕生の方法によるのか，この問題については解決されていない。クローン誕生の意義は，未分化の細胞がもつ遺伝子を一度分化した細胞が全て持っているということは，先に述べた植物のカルスのように，一つの細胞から受精卵のように，一個体が作り出せる可能性が広がった。分化した細胞を体細胞といい，特定の細胞に分化した細胞では遺伝子の一部だけが発現することになる。その分化した細胞ではそれ以外の遺伝子は発現しない。これに対して未分化の細胞では，多くの遺伝子が発現できる状態にある。分化，未分化の違いによる遺伝子発現の違いは遺伝子を構成しているDNAが修飾されることで発現が抑制される仕組みがあることが解りつつある。DNAの一部がメチル化されることでDNAの遺伝子配列の転写が抑制されることが知られている。また，DNAが巻き付いているヒストンというタンパク質がアセチル化されることでも遺伝子の発現が調節されており，細胞内では様々な制御機構によりDNAの遺伝情報の発現が制御されている。細胞の持つ能力や限界について少しずつ解明されてきたといえる。

（2） ES細胞とiPS細胞

再生医療の分野は，近年ニュースで頻繁に取り扱われている。医療技術の進歩と基礎研究の進歩の両輪がかみ合い臓器再生についても実用性が高まっている。ここでは，再生医療の基礎的な知識を中心にES細胞とiPS細胞をみていく(図Ⅲ－11)。

ES細胞とは，胚性幹細胞(Embryonic Stem Cell; ES細胞)のことである。細胞分化の全能性を備えた「万能細胞」とよばれる。ES細胞を基に神経細胞や皮膚細胞をはじめとして，骨，心臓，目など様々な臓器，器官，組織を人工的に誘導し，作り出すことができる。疾病または事故により失った細胞や臓器の修復，再生医療に画期的治療のツールとして注目されている。

本来，この分化全能性を有する細胞は，受精卵の初期の細胞だけである。ES細胞は受精卵の卵割(卵細胞の初期の細胞分裂のこと)がしばらく進んだ胚盤胞(胞胚)とよばれる時期の胚(受精卵)の細胞の一部を取り出し培養した細胞である。つまり，ES細胞を得るには受精卵が必要となりヒトのES細胞という場合は受精卵を提供する第三者が必要となる。したがって，ヒトのES細胞を使った医療行為は，生命倫理上の問題が発生する。受精卵の提供者の問題や受精卵の一部の細胞といえども材料として医療行為に用いることに問題がある。なぜなら受精卵の細胞とはヒトの始まりであり，たとえ細胞一つであったとしても一人の人間の権利は誰にも犯すことはできないからである。

また，ES細胞を仮に医療行為に用いることが許されたとしても，他人のES細胞で作られた臓器は他人の細胞と同じである為に一般的には臓器不適合，即ち拒絶反応が生じる。この問題は移植される側の細胞の核をあらかじめES細胞の核と核移植により入れ替えれば作製された臓器細胞と，移植された患者の生体での拒絶反応はなくなるが，ヒトの細胞の核移植もまた倫理的に認められにくい問題がある。

そこで，これらES細胞を用いることの問題を解消する上で現在最も注目されているのが，「人工多能性幹細胞（Induced Pluripotent Stem Cell; iPS細胞）」である。iPS細胞（アイピーエス）細胞とよぶこの万能細胞は，2006年，（当時，奈良先端科学技術大学院大学准教授で現，京都大学教授，iPS細胞研究所所長）山中伸弥（1962-）らのグループによって，マウスの繊維芽細胞から世界ではじめて作られた。誘導多能性幹細胞とも訳される。2007年にはヒトの細胞でも作成に成功し，iPS細胞はヒトの皮膚の細胞に4つの遺伝子（*Oct3/4, Sox2, Klf4, c-Myc*）を遺伝子導入して人工的な誘導により作製した万能細胞である。この遺伝子導入にはレトロウイルスを用いて作製された。iPS細胞は皮膚の細胞をもとに作り出すことができるのでES細胞のようなヒトの受精卵を必要としないため，生命倫理的問題を回避できる。

また，皮膚の細胞は治療を受ける患者本人の細胞（皮膚細胞）を用いることで移植の際の拒絶反応もなく治療が可能となる。iPS細胞を再生医療に用いる場合は前もって治療を受ける本人の皮膚の細胞をもとにiPS細胞の誘導が準備として必要となる。現在のところ少なくともこの準備に1か月から数か月を要するので，患者本人か同じ細胞型の数種類のタイプの細胞を預けておく「細胞バンク」の準備が始まっている。このように，iPS細胞は再生医療においてES細胞に代わる大きな期待が持たれる万能細胞となった。

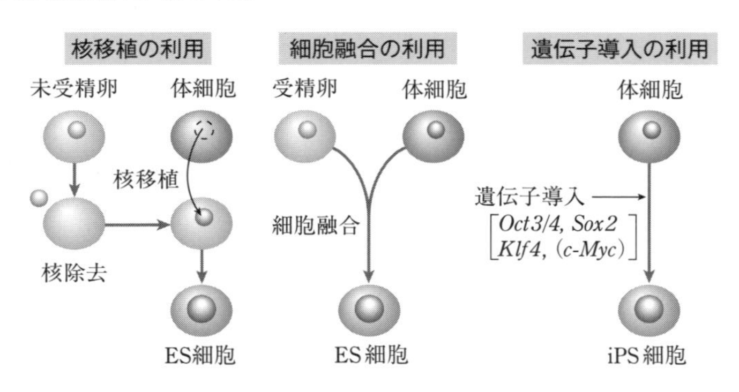

図Ⅲ－11　ES細胞にかわるiPS細胞の作出法

しかし，iPS細胞を生み出す上で，山中教授が大きなヒントとして参考にしたのが，他でもないES細胞であった。ちょうどES細胞が発現する遺伝子の種類が解明され，ES細胞に必要不可欠な遺伝子の情報が公開され，誰もが知ることができた。山中らはその中から，必要最小限の遺伝子を絞り込む取り組みに頭を悩ませた。当時24個の遺伝子が候補遺伝子として選ばれた。この遺伝子の組み合わせを全て調べるには膨大な実験を行わなければならず，時間的にも予算的にも不可能に思えた。ところが一つの革新的アイデアで予想以上に早く，必要最小限の遺伝子の組み合わせが発見された。

その方法は，24個の遺伝子の中から万能性を示すiPS細胞に変化させることが可能な遺伝子を見つける最短の方法であった。それは組み合わせを変えるのではなく，iPS細胞へ変化させるために必要な遺伝子か否かだけを調べる方法であった。やり方は簡単である。24個の遺伝子を一つだけ抜いた(23個の遺伝子導入)組み合わせの遺伝子導入を24回(24組)行い，iPS細胞に成らなかったら，その抜いた遺伝子が必要不可欠な遺伝子であることが解る。抜いてもiPS細胞が誕生したら，抜いた遺伝子はiPS細胞のためには不要な遺伝子となるので万能細胞を生み出すためには必要ないことがわかる。この方法は当時，奈良先端大学院大学の山中研究室の最初の大学院生となった高橋和利(1977-)現 京都大学講師のアイデアで短期間にリプログラミング遺伝子4つが決定された。この4つの遺伝子は後に山中4因子とよばれるようになった。

2012年には，クローン技術の先駆者であるジョン・ガードン教授とともに，山中伸弥 京都大学教授にノーベル医学生理学賞が授与された。

再生医療とともにiPS細胞から作製した人工臓器や組織を用いた創薬研究も始まった。創薬とは疾病の組織や臓器にどのような薬が効果を示すか人工臓器を用いることで患者や検体を用いた試験を人工臓器に置き換えてより安全に，また，特定の症状をもつ患者の細胞から作製したiPS細胞により作製された機能不全のモデル組織をもとに薬の効果を試験することも可能となっている。

大きな期待と実績をあげつつあるiPS細胞であるが，問題が全くないわけではない。実際に再生医療に用いる場合に想定される問題点について，以下に示す。

iPS細胞を用いる前に解決しなければならない問題とは，iPS細胞から誘導され分化した細胞の中にがん細胞が生じるという深刻な問題が残されている。その原因は，iPS細胞の作り方そのものにある。皮膚の細胞に限らず，どのような体細胞からでも作製できるiPS細胞ではあるが，山中4因子とよばれる4つの遺伝子を体細胞に遺伝子導入する手段としてレトロウイルスが使われることが上げられる。この方法は，レトロウイルスが遺伝子導入される細胞の染色体に並ぶ遺伝子の中にランダムな位置に4つの遺伝子は挿入にされるため，挿入される場所によっては元ある遺伝子を破壊する可能性があり，変異が生じ発がん遺伝子の活性化を引き起こす危険性が指摘されている。また挿入される4つの遺伝子の中に発がん関連遺伝子の*c-Myc*(シーミック)を使用していることが，がんを誘発していると考えられている。従来のiPS細胞を臨床実験に用いる場合，細胞のがん化の問題を克服する必要がある。そこで，*c-Myc*を用いない別の誘導方法が模索されている。また，遺伝子操作をすることなく細胞の初期化を引き起こす新たな(iPS細胞の新たな誘導方法として遺伝子ではなくタンパク質に置き換えて誘導するなど)方法の開発も始まっている。いずれにしてもiPS細胞のがん化のリスクを克服し正常な臓器再生に使用できる安全性の改善が望まれる。

iPS細胞による臨床試験と再生医療

2014年9月，理化学研究所の高橋政代プロジェクトリーダーと同医療センターにより世界初のiPS細胞による再生医療の臨床治療が行われた。世界初の臨床治療は加齢黄斑変性症という目の網膜の黄斑とよばれる部位が変形し視野の一部が歪み，視野が狭くなり，視野が暗くまたは黒く視界が失われる病である。回復のための治療法が未だに不明の難病の治療であった。治療法として，まず，患者の細胞からiPS細胞を作製し，そこから目の網膜細胞を誘導する。培養された網膜細胞をシート状に培養し，これを黄斑部の患部に移植する。最初の患者は70歳代の患者であった。

加齢黄斑変性症は目の網膜の黄斑部が何らかの障害(原因不明)肥大化し網膜の色や光(色など)を認識する視細胞が正常に色や光の強さなど視神経を介して脳へ伝達できなくなる。肥大化した網膜をレーザー治療等で治療してももとの状態へ回復する見込みはなく，治療法がないといわれてきた。現在も加齢黄斑変性症の患者への眼球への注射により網膜の黄斑部が肥大化する症状の進行を抑える治療しかなく，治療の効果はほとんどないといわれている。そこで，網膜再生により治療する方法が試された。しかし，前にも述べたように，iPS細胞から誘導して作り出した細胞ががん細胞へと変化するリスクを解消する方法は確立されておらず，危険性はまだ残されたままである。iPS細胞を作製する際にがん細胞を生じる危険性を限りなく減少させることが当面の課題である。世界初のiPS細胞による臨床試験により術後，患者は視野が明るくなったとのコメントが出されたが，安全性については今後の経過を見守る必要がある。

その他にも，大阪大学を中心に心筋症の心臓の細胞シートによる臨床実験や慶応大学では脊髄損傷の治療に臨床応用の準備が進んでいる。また，輸血の際に必要となる血小板は献血の際に得られるが，血小板は使用期限の短い成分であるため，不足しがちである。そこで，iPS細胞により血小板を作る細胞を作成し，血小板ができた時点で細胞を分離する。残った血小板だけを回収すれば，がん化のリスクの細胞は取り除き安全な血小板だけを確保できる。その他，アルツハイマーの治療や創薬の研究にiPS細胞から作製した臓器や細胞を薬の副作用の試験に用いることができる，しかし，どの臨床実験においても未だにがんの可能性の克服は解決されておらず，諸刃の剣の状況にかわりはない。

(3) 先端医生物学の諸相

STAP騒動について

多くの疑惑と謎が残されているが，「夢の大発見か」と騒がれたSTAP細胞については幻でほぼ決着がついた。マウスのリンパ球の細胞を用いて，一度分化した細胞(リンパ球)が簡単な操作(酸性の溶液に浸すか，細い管の中を通すなど)で細胞にストレスを与えると細胞が未分化の受精卵の細胞に戻る(専門用語では細胞の初期化という)現象が誘導できる，という夢のような発見と思われた。しかし，半年もたたないうちに論文の図や方法，はては著者の過去の論文について疑惑や疑義が発覚し2014年1月の発表された「ネイチャー」誌に発表された2本の論文は半年後，論文撤回となり，その後，STAP細胞として残された細胞は，実はES細胞の混入による間違えであった，と結論され幕が引かれることになった。

科学的な根拠を失った内容に細かく言及する意味はないが，自然科学の本質や科学者のモラルなどが問われた社会問題へと発展した騒動について，生命科学の常識からこの騒動の問題点について記しておきたい。

クローン技術やこの後の記述で，解説する万能細胞(iPS細胞も含めて)とは何か。そして，細胞の初期化にはどのようなからくり(メカニズム)が存在するのかは，何一つ解明されていないことを付け加えておきたい。その上でクローン生物の誕生が意味するところは，細胞の万能性の獲得(細胞の初期化)は不可能ではない可能性を示している。

一度分化した体細胞の核を卵細胞の細胞質内へ移植すると「特定の細胞に分化した体細胞の核の状態から，再び受精卵の核の状態へと初期化された」ことを，クローン生物の誕生は意味していたからである。

「STAP現象がまんざら嘘でもないのではないか」と，一瞬でも思った科学者がいたことも事実である。しかし，卵細胞の細胞質にはどのような初期化の仕組みが隠されているかは今後の課題であり，この分野の研究者は真摯に向き合って謎の解明を目指す必要がある。ありそうだから，信じてみようではなく，ありそうだからこそ，慎重に疑いながら厳密に調べなければならないのである。研究とは自らの仮説であっても，実験による結果から判断するときに，信じることと同じように疑って見なければならない。疑い用もなくなった時，真実であることが証明されるのである。

生命科学の常識とは，生命科学者が自分勝手な思い込みや過度な期待の赴くままに研究を進めてはいけない。謙虚に生命現象を捉え生命が行う仕組みとそれを下支えする根拠を示さなければならない。どのような分子や反応が細胞の機能を切り替え，その仕組みや物質の変化を明らかにしなければ解明とはならないのである。

そして，これまでの常識と書き換えられる新たな常識の違いについて示さなければならない。発見とは新たな常識の誕生であり提言である。これまでの常識のどこが誤りで，新たな常識はどこが違うのか，理路整然と説明できなければならない。常識を覆すとはこれらの違いを示し説明する責任を果たすことである。

STAP問題は不可能と考えられる細胞の初期化を可能にする方法について，単に酸性の溶液につけるだけ，とか細い管の中に細胞を何度も出し入れさせる刺激を与えることで初期化が生じたとしていたが，誰もその追試(同じ方法を第三者が行い同様の結果を得ること)に成功しなかった。本来このような追試は，研究者が論文を発表する前に，事前に十分確認しなければならないことであり，論文共著者の誰一人としてこの追試を行わずに論文を発表したことが誤りである。その点においては，筆頭著者の小保方氏だけの責任ではなく共著者は全員連帯責任を負う義務がある。論文に名前を連ねるということは，これらの責任を同等に背負う意味もある。

現在，万能性を示すことのできる細胞は受精卵と，その細胞から生じたES細胞(胚性幹細胞)，そしてiPS細胞だけである。iPS細胞の万能性についてはまだ研究途中の問題であり，なぜ4つ(山中4因子)の遺伝子を別途細胞に遺伝子導入すると万能性を獲得するのかは不明である。遺伝子も *c-Myc* の代りにGlis 1に変えるなど，がん化を抑制する改変が行われている。

細胞は本来，簡単にもしくは安易に万能性を回復したり，別の細胞に簡単に分化してはいけない。それが多細胞生物の組織を維持する重要な仕組みでもある。突然，筋肉が脳細胞に変化したり，皮膚細胞が血液に変化したら生体の機能は維持できなくなるかもしれない。すなわち，一度分化した細胞は未分化(万能細胞)へ戻ることを許さないのは，形態形成の秩序の維持に最も重要な仕組みだからである。それが簡単な操作や酸性の溶液に細胞が曝されたくらい(STAP細胞を作る簡単な手順といわれていた)で，元へ戻っていたのでは生命体の安定した持続性は保てない。これこそが生命科学の基礎的常識である。

ケガをした場合，患部は炎症を起こして，傷口がかさぶたとなりその後元どおりに治る場合がある。我々の体にも自然治癒力という回復力があるが，その仕組みですら，まだほとんど解っていない。例えば，全身未分化の細胞が常に存在するプラナリアという動物は切っても，切っても再生能力があり切った分だけ個体が増える不思議な生物もいるが，人間はそうはいかない。最近，東北大学の研究グループが，皮膚の細胞にはミューズ細胞とよばれる未分化の細胞が1%以下のほんのわずか存在することを発見した。未分化細胞は部分的に修復に関与している可能性はあるが，詳しくはこれからの研究を待つしかない。

生命科学はまだまだ未知のメカニズムや機能そして限界はどこにあるかを含めて謎だらけである。しかし，科学の進歩がそうであったように，これまでに得られた情報(知識)から新たな未来の課題に取り組むことが基本である。基本を無視したアプローチは決して真実には至らない。

アポトーシス

がんは，放射線，ウイルス，タバコに含まれるニコチンなど発がん性物質などにより誘発されることがしばしばである。しかし，もともとは正常な細胞の遺伝子の一部が変化することでがん細胞となることが知られており「がん細胞」とよばれる細胞がはじめから存在するわけではない。したがって，いつ，どこで，がん細胞が生じるか(正常細胞からがん細胞への変化が生じるか)は未だに予測がつかない。正常な細胞が変化しないようにがん細胞を誘発する物質を避ける以外に予防方法はないのである。また，がんは最初にがん化した組織から血管を通って他の組織や器官にがん細胞が移動するこれをがんの「転移」という。ただし，正常な細胞，もしくは健康な体では，一部の細胞のがん化や異常が生じた場合，このがん化した細胞を殺す仕組みが細胞には備わっている。これを「アポトーシス(Apoptosis)」(ラテン語の枯れ葉がはらはらと落ちる意味)という。「プログラムされた細胞死(programmed cell death)」という言い方も使われる。我々の細胞や組織は，異常な細胞が生じた時に，異常になった細胞自体が細胞死(自滅)を生じるシステムが備わっている。しかし，このアポトーシスを生じさせるメカニズム自体を破壊，もしくは，機能できなくさせて細胞が死ぬことさえもできなくなった細胞が「がん細胞」なのである。

がん治療の最前線では，このアポトーシスを起こせないがん細胞を再びアポトーシスにより消滅させる誘導ができないか，という戦略で日夜研究が続けられている。アポトーシスによりがん治療を可能にする手法が開発させれば，正常な細胞には何ら影響なく異常細胞(がん細胞)のみを死滅させることができるかもしれない。

細胞は，寿命や外的要因により細胞機能が破壊され死滅する「ネクローシス(通常の細胞死)」とは別の細胞自ら消滅するメカニズムとして，アポトーシスにより積極的に死滅するメカニズムをもっている。すなわち，アポトーシスとは，生物が発生の過程で不要となった細胞や発生段階の進行と共に変化する形態の再編成において不要となった組織を自ら消滅させ，新たな組織や器官の形成をスムーズに進めるために積極的な細胞死を行うことである。

ネクローシスとアポトーシスは，他にも細胞の消滅の仕方に違いがある。ネクローシスが細胞の加齢(寿命が近づいて)による細胞機能の低下により徐々に細胞膜の崩壊が進み最後にDNAが壊れていく順であるのに対して，アポトーシスでは，DNA分解酵素が積極的に進み，特徴的なヌクレオソーム単位でのDNAの断片化が生じる。

アポトーシスは，2つの目的で生命活動の維持に関与している。1つ目は，形態形成における不要細胞の除去を必要とする場合である。具体例を挙げると，オタマジャクシがカエルに変態する過程でオタマジャクシの尾が短くなることは良く知られているが，この現象は尾を形成していた細胞が積極的に死ぬことでカエルへと形を速やかに変化させることができるものである。この形態変化によって，カエルは水生環境から陸上環境へ速やかに生活環境を移行することができる。他にもニワトリの足指の間の水かきの消滅，我々ヒトの手の指と指の間が割れて5本の指が形成されるのも，間にあった細胞の消滅が関与している(図Ⅲ－12)。

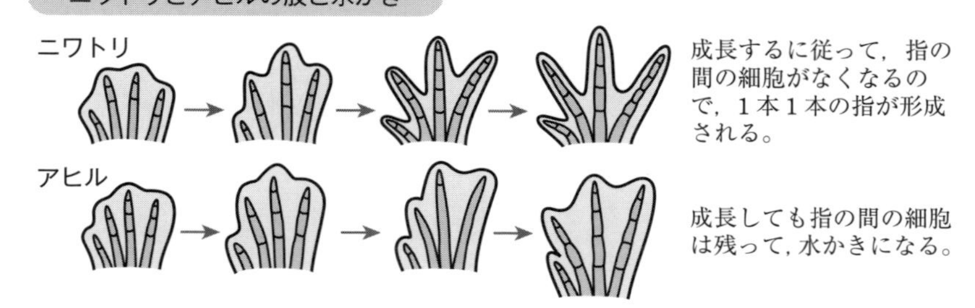

図Ⅲ－12　プログラム細胞死(形態形成におけるアポトーシス)

2つ目は，紫外線，放射線などでDNAに損傷を生じた細胞や腫瘍細胞など，成体にとって害を及ぼす細胞に変わってしまった場合や必要以上に細胞数が増えすぎた場合である。この場合のアポトーシスも障害または増殖が止まらなくなった細胞が積極的にアポトーシスを起こす。アポトーシスを起こした細胞はDNAの断片化の後にアポトーシス小体とよばれる細胞断片となり，これらは貪食細胞により消化，吸収される。アポトーシス小体は貪食細胞が見つけやすいようなシグナルを細胞表面に出していることが知られている。このようにアポトーシスを生じた細胞はただ，朽ちていくのではなく，成体内では再吸収される仕組みがある。

生命は細胞が分裂し増殖することで数を増し，成長する。個体の成長と細胞の分化により組織が作られ複雑な器官が形成されている。その際，不要となった細胞を除去する仕組みができたと考えられる。不要な細胞の除去システムはがん細胞のような，他の正常な細胞を脅かす細胞の除去にも通常は働いていると考えられる。アポトーシスを誘導する分子はp53というタンパク質であり，アポトーシスを生じなければならない細胞ではこのタンパク質が増加する。続いて実際にアポトーシスを起こすためのタンパク質(カスパーゼ)が活性化してDNAの断片化と細胞死が実行される。ところがp53が放射線や紫外線，薬剤などで機能低下が生じた場合アポトーシスを誘導できなくなる。がん化の一つの流れである。

クラゲの活用

クラゲと聞いて，どのような印象があるだろうか。エチゼンクラゲの大量発生により漁業に大きな被害をもたらすイメージがあるかもしれない。また，海水浴でクラゲに刺されたという人もいるだろう。クラゲに対する悪いイメージがある一方で，水族館のクラゲの展示が人気をよんでいるそうである。山形県の加茂水族館はクラゲの水族館として人気を回復し他県からの入場者が増えているそうである。また，観賞魚のようにクラゲを水槽に飼って眺めることで癒されるという人もいるようである。水族館の人気調査では，1位イルカ，2位ペンギン，に続いて3位にクラゲが入っている。

科学の分野でもクラゲから重要なタンパク質が発見され，医学，薬学，生物学に大きな貢献を果たしている。2008年にノーベル化学賞を受賞した，下村脩(1928-)は，オワンクラゲから2種類の蛍光タンパク質を発見した。どちらの蛍光タンパク質も自然科学の研究において多大な貢献を果たしている。下村脩は名古屋大学の研究生として1年足らずの間にウミホタルの蛍光物質，ウミホタルのルシュフェリンの精製と結晶化に成功し，この研究が評価され，プリンストン大学のジョンソン(Frank Johnson, 1908 - 1990)教授からの誘いで，彼の研究室でオワンクラゲの蛍光物質の研究を始めた。オワンクラゲ蛍光物質はクラゲの外周に点在して緑色に蛍光を発することから，下村はこの緑色の蛍光物質を探した。ところが，はじめに分離精製されたのはイクオリンという青色の蛍光タンパク質であった。イクオリンはpH4で分離精製されるが，この段階では蛍光を示さなかった。下村はpH7の中性にすると弱く青色の蛍光を放つことを発見する。ある時，その日も下村は弱い青色の蛍光しか示さないイクオリンを実験室の流しに捨てた。すると突然流し台全体が鮮やかな青色の光に照らされた。流しには海水がたまっていたのである。精製されたイクオリンは海水中のカルシウムと結合すると強い青色の蛍光を放つことが解明された瞬間であった。その後，イクオリンは海水がなくても単にカルシウム3つと結合すると青く光ることがわかった。しかし，クラゲの蛍光の仕組みが解明されたわけではなかった。クラゲは青色ではなく，緑色に蛍光するからである。下村はイクオリンと同じ分離した分画にもう一つ別のタンパク質があることに気がついていた。しかし，もう一つのタンパク質は微量過ぎたので，下村はさらに大量のクラゲを採集して第2の蛍光物質の精製に成功した。その物質こそが後にノーベル賞の受賞理由となる緑色蛍光タンパク質(Green Fluorescent Protein : GFP)である(図Ⅲ－13)。

GFPはイクオリンと結合して，イクオリンがカルシウムと結合する時に発する励起エネルギーを吸収して緑色の蛍光を放つことを発見した。ところが，GFPはイクオリンがなくても紫外線(UV)を照射するだけでも緑色に蛍光を放つことが明らかとなり，最先端の生命科学や医学研究に応用されている。

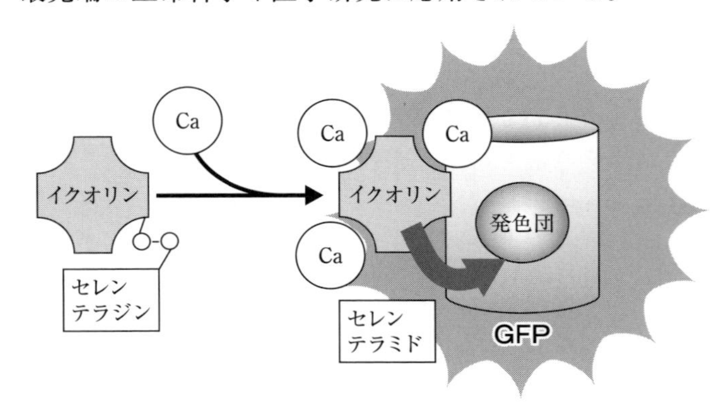

図Ⅲ－13　クラゲのＧＦＰが蛍光を放つ仕組み

GFPはアミノ酸が多数結合したタンパク質である。オワンクラゲはGFPを自ら合成できる。オワンクラゲのDNAにはGFPを合成する遺伝子があり，DNAの遺伝情報に基づいてアミノ酸が結合してGFPの元ができる。GFPはタンパク質の分子の中心に発色団が存在するが，実はGFPが緑に蛍光するために重要な発色団は，GFPを形成する3つのアミノ酸(チロシン，セリン，グリシン)が自発的に反応して発色団が形成される。したがって，GFPの遺伝子はオワンクラゲだけでなく，この遺伝子をプラスミドにより大腸菌がGFPを合成できる。また，他の生物に遺伝子導入してさまざまな細胞や生物にGFPの遺伝子を入れることができる。

例えば，がん細胞だけで発現する遺伝子に，このGFPの遺伝子をつなげておくと，がんができるとその細胞だけが光る。また，神経細胞でGFPを発現させると神経細胞の細かな末しょう神経を緑の蛍光で観察することができる。GFPの遺伝子を他の遺伝子に結合させる遺伝子操作により，特定の遺伝子の発現を観察することも可能である。通常は発現しない遺伝子にGFPの遺伝子を結合させると，細胞はGFPを合成することはない。しかし，その遺伝子ががん細胞に変化した場合に限り遺伝子が発現するように細胞内で変化がおこると繋がっているGFPが発現することになる。発現しない遺伝子が発現するように変化したことをGFPの緑色の蛍光を発する細胞を観察することで，細胞の変化，すなわちがん細胞へと変わったことが見てわかるのである。細胞，生命体の中でおこる様々な変化を遺伝子レベルで可視化することができるのである。GFPは医学の進歩をはじめ生命科学の進歩に欠かせない手段となった。

クラゲの活用法として，クラゲの95％が水分であることから，クラゲの保水性を活用した土壌改良剤としても利用できる。砂漠化した土地の再生や養分の少ない山地の土壌にクラゲの土壌改良剤を撒（ま）くことで保水性が上がり，はっ水性に富んだ土壌の改良によりクラゲの利用価値が見出されている。さらにクラゲの主成分は窒素，リン酸，カリウムが多く含まれていることから，植物，作物の成長を促進する土壌成分として活用されている。

一方，クラゲの成分には糖タンパク質であるムチンがあり，ヒトのムチンと類似性が高いことから，ヒトの関節症の治療への活用が期待されている。関節液にはヒアルロン酸とムチンがあり，変形性膝関節症の治療にこの両者を共投与することが効果的治療であることがウサギを使った動物実験から判明している。しかし，ヒトのムチンは現在合成ができないため，クラゲのムチンの実用化が期待されている。

このように，大量発生により漁業関係者に大量な被害をもたらす，エチゼンクラゲも有効に活用することができれば新たな産業となり，クラゲの積極的な活用により，クラゲの被害の解消と有効活用が期待される。

IV. 感染症と生活環境

IV−1 エイズ（AIDS: Aquired Immuno-Deficiency Syndrome）

（1） エイズという疾病

1981年6月，アメリカ・ジョージア州アトランタ市の国立疾病管理センターが発行している週報誌に，カリフォルニア大学ロサンゼルス校の医療チームが20代から30代の男性の入院患者5人に見られた原因不明の「奇病」の症例を報告した。カリニ肺炎とよばれる日和見感染症の一種である。カリニ原虫という病原体が肺の中で繁殖して起こるものだが，通常は自己の免疫力で対応できるものである。起こるとすれば，免疫力が乏しいあるいは低下した子どもや高齢者の場合がほとんどである。20〜30代の男性であれば，通常，免疫力は問題がないであろう。それにも関わらず，この疾病が発病したのは不自然である。そのため診察・治療に当たっていた医師達は事態を公表したのであった。ほどなく，この状況がカリフォルニアだけで起こっているのではないことが判明した。

これが「現代の黒死病（ペスト）」とか「奇病」「死病」などと恐れられた「エイズ」が世に知られるようになったきっかけであった。エイズ（AIDS）は，国立疾病管理センターが名づけたもので，「後天性免疫不全症候群（Aquired Immuno - Deficiency Syndrome）」の頭文字を連ねている。

初期の症状は比較的軽い風邪に罹ったようなものである。そして，発熱，寝汗，悪寒，下痢，全身倦怠感，体重の減少などが起こり，やがて持続的なリンパ腺の腫れや衰弱がみられる。こうした症状はエイズ関連症候群（ARC: AIDS - Related Complex）とよばれる。そして，約10年の潜伏期間を経て，カリニ肺炎やがんの一種であるカポジ肉腫が顔面や四肢にできることがある。また，若くして認知障害に陥ることがある「エイズ脳症」とよばれるようになった若年性早発性認知症に罹ることもあることも知られている。アメリカの統計では，エイズ患者の約50％にカリニ肺炎が，約30％にカポジ肉腫が，そして約10％にこの両方がみられる。発病後1年で約50％，2年で75％，5年で大半が死に至ってしまうという。ごく稀に，長期間生存する人もいて「長期未発症者」とよばれている。

疾病の対策には，原因の探求が第一である。当初，この疾病の患者がいずれも男性の同性愛者であることが判明したため，これが過度に強調されエイズは男性同性愛者に特有な疾病と思われた。しかし，その後の調査で麻薬中毒患者やハイチ島を始めとするカリブ海沿岸出身者，さらに女性患者もみられるようになった。エイズの伝播は，輸血や母親から胎児への母子感染，異性間の性交渉，などでも報告が相次ぎ社会に大きな衝撃を与えるところとなった。

しかし，エイズに対する人々の知識は21世紀の変わり目頃までは必ずしも十分といえなかった。男性の同性愛者や麻薬注射の経験者のようなエイズの発病の危険性が指摘される人たち(ハイリスクグループ)でも，発病の可能性の検査を受けたことがある人は半数以下であった。また，エイズ患者の血を吸った蚊に刺されると感染すると思っていた人は60%を越え，コップの回し飲みや，トイレ，風呂でも感染すると考える人が40%以上もいたという。さらにエイズの患者と握手をするだけでも約6%の人が感染すると思っていたという結果も報告されている。無論，このような行為でエイズが感染することはない。

日本でも，当時の厚生省AIDS調査検討委員会が認定したエイズ患者第1号は，男性同性愛者であった。エイズは，今日では，梅毒や淋病のような性交渉で伝播していく「性感染症」の一種であると捉えられている。21世紀に入ってからも，AIDSによる死亡者は年間400人を超えている(図Ⅳ－1)。

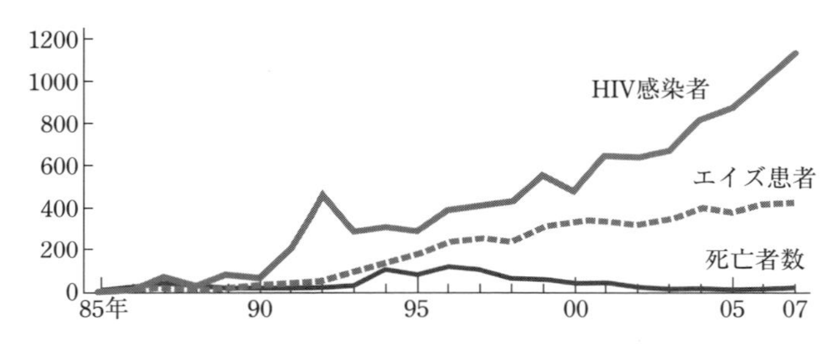

図Ⅳ－1　エイズ患者・HIV感染者の推移

(2)　エイズの原因解明

エイズが起こる原因の探求に研究者たちはこの疾病が報告された直後から取り組んでいた。当初，考えられていたエイズが男性同性愛者に特有なものではなく，注射器の注射針を交換せずに回し打ちをして麻薬を体内に注入していた男女の麻薬中毒患者，特定の地域の出身者にも見られることからそれに共通することが考えられた。男性同性愛者では出血を伴う性的行為が行われることや注射を打つと注射針により出血が起こるので，「血液中」にエイズの原因が含まれると推定されるようになり，さらに，血液中のウイルスの存在が候補にあがった。このウイルスが従来から知られているタイプのものなのか，あるいは新型なのかに焦点が絞られていった。エイズの原因の確定は医学的にも社会的にも極めて重要である。そのため，エイズを引き起こす血液中のウイルスの発見競争が行われるようになった。

図Ⅳ－2　モンタニエ(左)とギャロ(右)

なかでもアメリカの国立がん研究所腫瘍細胞生物部のギャロ(Robert Gallo, 1937-)のグループとフランス・パスツール研究所ウイルス学部のモンタニエ(Luc Montagnier,

1932-)のグループとの間で激しい研究競争が展開された。これは現代の科学研究における最前線の内幕を白日の下にさらした事例でもある(図Ⅳ－2)。

エイズの原因がウイルスらしいと判明したのは，1983年5月にモンタニエのグループがフランスのエイズの患者から取り出したリンパ球からはじめてウイルスを分離しLAVと名づけたことが契機となった。一方，ギャロのグループも1984年5月にエイズの原因として彼らがHTLV-ⅢBと命名したウイルスを発表した。エイズのウイルスは新型のウイルスであることを両グループは示したのである。しかし，ギャロらの発表以前の1983年9月にパスツール研究所からギャロの所へLAVと同定したウイルスの標本が送られており，これをギャロのグループが利用したのではないかという疑念が生じた。こうして，「同じ」ウイルスなのにLAVとHTLV-ⅢBと異なる名が提唱されたので，国立疾病管理センターが改めて3番目の名称として「ヒト免疫不全ウイルス(HIV: Human Immno-deficiency Virus)」を発表し，以降これが一般化した(図Ⅳ－3)。すなわち，エイズはHIVが感染し，体内で増殖をし免疫機能を損なってエイズの諸症状が発症するという図式である。

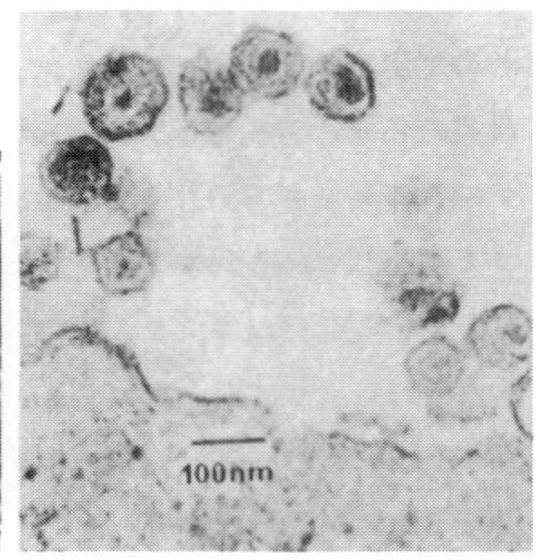

図Ⅳ－3　HIVの像
(左：走査型電子顕微鏡，右：透過型電子顕微鏡)

しかし，これで収まったのではない。さらに，研究競争は繰り広げられた。HIVの遺伝子の解読競争である。これはモンタニエのグループの方がギャロのグループよりも3日早く発表した。しかし，両グループが発表したHIVの遺伝子配列は，科学者の常識以上に酷似していたのである。そのため，ここでもギャロのグループが使ったウイルスはモンタニエのグループと同じものではなかったのかという当初の疑いをさらに強める結果になってしまった。

さらに，検査薬の開発でも問題が起こった。エイズ発病の出発点になるHIVに感染しているかどうかを検査することは，社会的に非常に重要なことである。それが，さらにアメリカではレーガン政権のエイズ対策が遅れているという批判を交わす意味もあった。なんとかしてHIV感染検出用キット(エイズの検査薬)をいち早く開発したいという政治的配慮があった。一方，パスツール研究所としても特許料収入が所内での研究費の額に影響するため早期の特許取得が望まれた。

そこで，1983年12月，フランス側は，アメリカの特許庁にエイズ検査薬の特許申請をしたが，棚上げにされてしまう。一方，翌年4月にギャロらのグループも同様な内容の検査用キットを開発し，特許申請をする。そして，こちらの方は1985年5月に特許として認められてしまうのである。そこでパスツール研究所側はアメリカの特許裁判所にアメリカ政府を相手取ってこの年の12月に訴えを起こしたのである。結局，この決着は政治の場に持ち込まれ，1987年3月にアメリカを公式訪問したフランスのシラク首相とレーガン大統領の間で合意がなされた。すなわち，

HIV感染検出用キットの特許をパスツール研究所とアメリカ国立保健研究所(NIH)で共有し，特許使用料の8割を国際エイズ研究基金に充てることにしたのである。

特許料というきわめて現実的な問題が表面上解決したとしても，今度は科学者にとって最高の名誉とされるノーベル賞の受賞作戦が待っている。エイズの原因ウイルスの発見を有力な受賞対象としてアピールするためには，同じテーマで研究している科学者同士が醜い争いをするのは得策でないはずである。そこで，特許に関する合意ができた後はギャロとモンタニエは二人そろって公衆の前に現れ，二つのグループの親密さをアピールするようになり，その様子がメディアを通じて世界に伝えられるようになったのである。

果たして1988年，日本国際賞(予防医学分野)が，ギャロとモンタニエの二人に贈られた。しかし，2008年12月のノーベル生理学・医学賞はモンタニエと同じフランス・パスツール研究所のバレシヌシ(Françoise Barré-Sinoussi, 1947-)の二人にHIVの発見に対して，ドイツのツアハルゼン(Harald zur Hausen, 1936-)には子宮頸がんを引き起こす原因であるパピローマウイスルの発見に対して贈られた。1989年から1991年にかけて，HIV発見の経緯が再検証され，ギャロたちのサンプルにモンタニエのグループのウイルスが混入していた可能性をギャロ自身が認めたことが影響したと考えられている。

ところで，エイズの感染は，性交渉や母子感染，注射針の回し打ちだけではなかった。国立疾病管理センターが発行する週報には，1982年7月エイズ患者の死亡に際して，血液製剤によるHIVの伝播の可能性を指摘していた。日本では，1984年11月当時の厚生省で開かれた「輸血後感染症研究班」の会合で，血液製剤を使って治療をしていた血友病患者からHIV抗体が検出されたことが報告されている。このことは，血液製剤の中にHIVが混入していたことを意味する。血友病とは，出血が起こりやすく，止まりにくい疾患で，血液中の出血を止める作用をもつ血液凝固因子が遺伝的に欠損していることが主な原因である疾病である。

一方，血液製剤は1～2人の血液提供者の血液から血液凝固因子を取りだし調製した「クリオ製剤」と場合によっては，数千人という多くの血液を濃縮して作製する「濃縮製剤」がある。これらのうち，濃縮製剤の素材の血しょうの大半がエイズが流行し始めたアメリカから輸入されたものであった。使い方も，「クリオ製剤」は，取り扱いが難しいうえ，通院する必要がある。それに対し「濃縮製剤」は自宅で患者自身で注射することができ，通常の家庭生活を送ることができる。これらのことから濃縮製剤が普及していき，それに伴い日本のエイズ患者数が増加していった。

濃縮製剤は加熱処理によって，中に含まれるHIVを働かせなくする(不活性化)ことができる。日本では1985年7月および12月からこうした加熱製剤が承認されるようになった。この時点でもアメリカに2年4か月遅れていた。そのため，出回っている濃縮製剤を回収したり販売を中止すべきであった。ところが，HIVが混入している可能性がある非加熱製剤のアメリカからの輸入を一律には禁止しないと，厚生省は判断をしているし，1986年3月の段階でも使用されていたのである。これが「薬害エイズ事件」とよばれるものである。非加熱の濃縮製剤によって約

2,000人の血友病患者がHIVに感染し，約400人の命が奪われてしまったのであった。

1989年5月には大阪HIV訴訟原告が，同年10月には東京HIV訴訟原告がそれぞれ国と製薬会社を提訴した。結局，1996年3月に大阪，東京両HIV訴訟の原告側が被告である国や製薬会社と和解をして一応の決着をみた。

（3） エイズの治療

エイズの発症が社会問題化する一方，治療薬の開発も精力的に取り組まれた。最初に考えられたのがアジドチミジン（AZT）である。1997年のことで日本人研究者が大きな貢献をした。この薬物はエイズウイルス（HIV）が体内で増殖できなくなることを念頭に置いたものである。すなわち，HIVの遺伝子は一般の高等動植物の遺伝子の本体はDNAではなく，RNAなのである。HIVは体内の細胞に感染して進入した場合，逆転写酵素とよばれる物質を使って，RNAからDNAを合成する。DNAが合成されればHIVが増殖していくのだが，それを阻止すれば体内での増殖を抑えることが可能になる。AZTやジデオキシイノシン（DDI）は，このような作用をもつ薬物である。ただし，前者は骨髄の免疫機能を抑えてしまうことがあり，後者は膵炎を時期起こす場合があるというように，副作用が懸念されている。

そこで，副作用が認められないような薬物の開発が期待された。その一つとして，逆転写酵素の立体構造を変えてHIVの体内での増殖を防ぐ薬物も考えられている。このような作用をもつ薬物はアロステリック阻害剤とよばれる。アロステリックとは立体構造が異なるという意味である。この薬物はAZTやDDIと比べて同等以上のエイズウイルスの増殖阻止効果があり，しかも副作用がみられないという。両者を併用すれば，それぞれ単独で使うよりもエイズの治療効果が上がることも確認されている。

第二世代の治療薬は，「プロテアーゼ阻害剤」とよばれる（図Ⅳ－4）。リトナビル，サキナビルなどの薬剤が知られている。HIVが体内に侵入した際，HIVの遺伝子の一部が体内の免疫担当細胞に侵入し，ウイルスの増殖に必要なタンパク質を作らせる。ウイルスは，このタンパク質を「プロテアーゼ」と名づけられたタンパク質を分解する性質を持つ酵素を使って切り出し，ウイルス自身の体を構成する部品にする。そこで，このプロテアーゼの働きを阻害するプロテアーゼ阻害剤を利用すればプロテアーゼの働きが抑えられ，エイズウイルスの増殖を食い止めることができるという仕組みである。

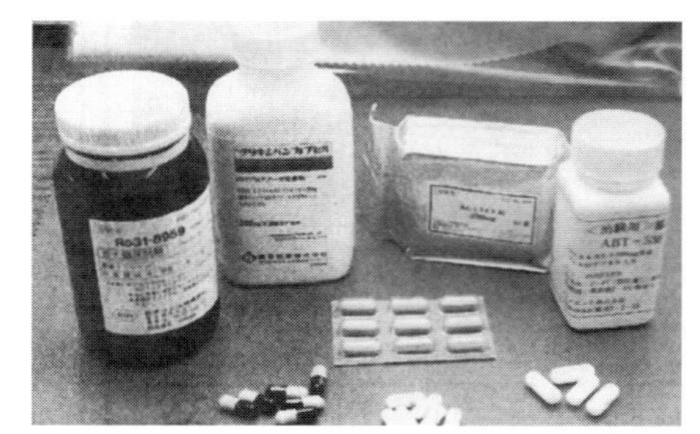

図Ⅳ－4　AIDSの治療薬

また，日本茶（緑茶）の成分のタンニンに含まれるカテキンが逆転写酵素の働きをAZTよりも20～30倍強く抑えるという報告もある。緑茶を日常的に飲むことがHIVの体内増殖の予防，ひいてはエイズの発症阻止にも関係するというのである。体内でのウイルス増殖を抑える働きがあるインターフェロンα型を薬物として使っても，症状の改善が見られたという報告があるが，期待通りの成果は得られていない。その他にもエイズの治療薬の開発は精力的に行われている。

Ⅳ－2　O-157と新型インフルエンザ

（1） O-157

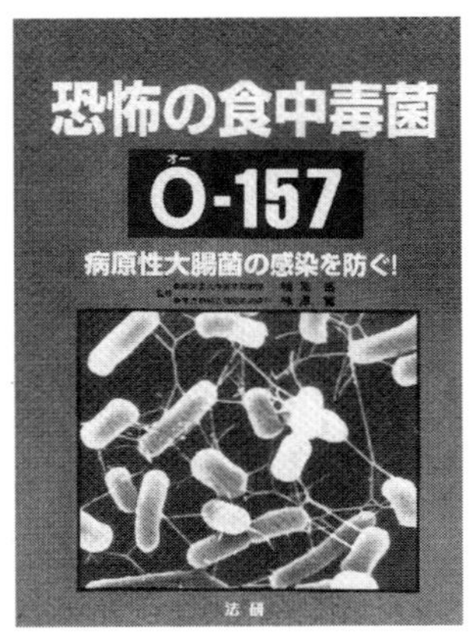

図Ⅳ－5　O-157に関する図書

エイズについで，1990年代半ばに国際的に感染症として話題になったのが，疾病を引き起こす大腸菌の中で腸管出血性大腸菌とよばれるO-157である。「恐怖の食中毒菌O-157」（図Ⅳ－5）だとか「清潔ニッポンを逆襲するO-157」などと題されたパンフレットや雑誌の特集が出された。

O-157の集団的な感染の発端はアメリカでエイズの患者が知られるようになった翌年の1982年2月，ファーストフードの食品を口にした26人が発病したことからであった。そして，その2年後には同国で死者も出ている。1993年にはそこで販売されたハンバーガーが原因と考えられる集団食中毒が起こった。このときは，700人以上が感染し，4人の子どもが亡くなった。そのため，アメリカではO-157による食中毒のことを「ハンバーガー病」という人もいる。日本でも1984年に報告された下痢の患者が発端とされる。実際にO-157が検出されたのは1990年であり，関東地方で約300人の感染した患者がみられ，その内の2人が死亡している。

元来，大腸菌は家畜や人間の腸管に常在しているもので，大半は無害である。しかし，下痢や出血の原因になったり，致死に至る毒素を産生してしまうものもある。その代表格がO-157である。わが国の「感染症の予防及び感染症の患者に対する医療に関する法律」（1998）では，細菌性赤痢，腸チフス，パラチフス，コレラなどとともに「3類感染症」に分類されている。

O-157の名称

病原体となる微生物は次のように分類される。

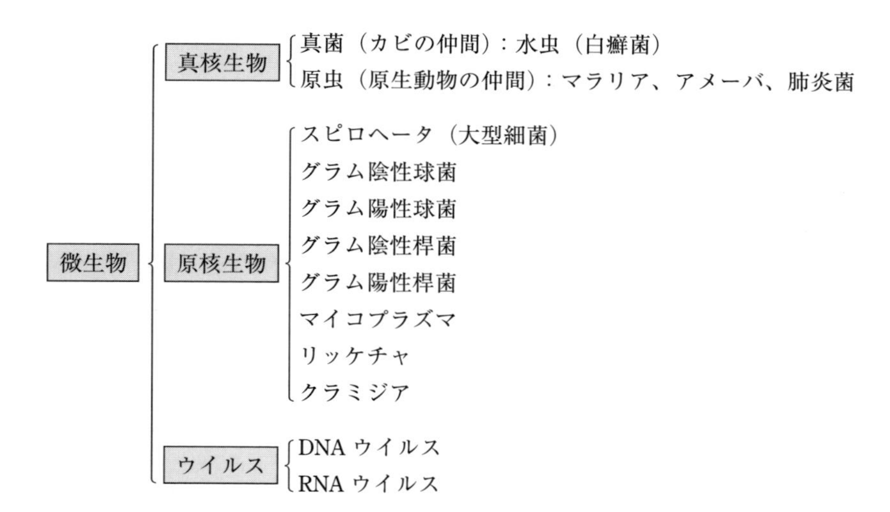

これらの内，O-157はグラム陰性桿菌の仲間である。大きさは5マイクロメートル（μm）程度なので1ミリメートルの200分の一がとりあえずのイメージである。O-157の「O」は，ドイツ語の「ない」ことを意味する。この場合は，この微生物を培養しても綿を伸ばしたようなもわっとしたものがなく，コロニーをはっきり形成するということである。こうした仲間をO族というがO-157が話題になった21世紀の変わり目頃は173種類が知られていた。原則として発見順に番号をつけたものである。この173種のうち，34種が毒素を作り出している。さらにこの中の6種は出血性の大腸炎を引き起こす。そして，これらの中で致死に至る最悪のものがO-157ということになる。

O-157の特徴

O-157には他の大腸菌と比べてもいくつか特徴的なことがある。次のようである。

●酸に強い

O-157よりも食中毒を起こす菌として知られているサルモネラ菌は，体内に入って胃に到達した場合，胃の中の胃酸がpH2程度，消化中の食べ物があって若干，pHが上がっても弱酸性のpH5程度で死滅する。しかし，O-157は，pH4でも増殖が若干落ちるにせよ生き残り，胃から小腸への移動が可能である。小腸は胃酸のような強酸の環境にないのでO-157がまた，活動を復活させるというのである。

●低温に強い

通常，家庭電化製品としての冷蔵庫内の温度は4～5℃程度に保たれている。しかし，ドアの開閉を頻繁に行っていれば同然，庫内の温度は上がってしまう。冷蔵庫の中では細菌が低温により増殖しないため，食品が長期保存できると思っているが，O-157はマイナス20℃でも15か月生存しているという。

要するに，O-157は低温耐性があるのである。

それでは，弱点はないのだろうか。じつは，他の大腸菌に比べると50℃台の温度下での生存率が高いとはいえ，75℃ 1分間の殺菌では死滅することが知られている。

O-157の毒素

O-157の感染により死に至ることがあるのは，この菌が「ベロ毒素」という赤痢菌の毒素に分子の構造が類似した物質を作り出すからである。ベロという名前は，アフリカミドリザルの腎臓のベロ細胞という細胞を破壊することから付けられた。このベロ毒素がO-157の本体から分泌され，大腸の上皮細胞(大腸の表面を覆っている細胞)に付着する。そして，大腸の細胞でつくられているタンパク質の合成を阻害し，細胞を破壊する。これにより，大腸の上皮細胞の構造が壊れ，激しい下痢や下血が起こってしまうのである。さらに，このベロ毒素はO-157の本体が死滅した時に大量に体から放出されることが知られている。そのため，例えば，抗生物質でO-157を死亡させることができても毒素自体は残ってしまうのである。

このO-157やO-111が作り出すベロ毒素は，1980年代なると1898年に日本の細菌学者，志賀潔(1870-1957)が発見していた赤痢菌の毒素であるシガ毒素と同じであることが判明した。すなわち，赤痢菌から大腸菌に移ったと考えられている。

2011年5月には，日本海側のある焼肉チェーン店で，生肉の「ユッケ」を食べた人に集団食中毒が発生した。その中の一人で就学前の男児が重い腎臓障害である「溶血性尿毒症症候群」を発症し死亡した。さらに，3人が亡くなり死亡者は合計4人，重傷者も23人を数えた。O-157と同様の腸管出血性大腸菌O-111が患者から検出された。

O-111で汚染された肉を十分に加熱せずに食べ，それが大腸に到達すると炎症が起こり，腹痛や下痢を引き起こす。さらに，この菌の毒素が血管を傷つければ出血し血便が出ることがある。そして，血流により腎臓や脳にまで運搬されると急激に腎臓の機能が低下する溶血性尿毒症症候群や脳神経が機能しなくなる脳症に至たる場合もある。

(2) 新型インフルエンザ

インフルエンザとは

1．ここ2か月間のあなた自身の健康状態について伺います。

① 38℃以上の発熱があった	はい	いいえ
② せきや鼻水がとまらないことがあった	はい	いいえ
③ 発熱やせきなどの症状で医療機関を受診した	はい	いいえ
④ 医療機関でインフルエンザの診断を受けた	はい	いいえ
⑤ 医療機関で新型インフルエンザの診断を受けた	はい	いいえ

2．ここ2か月間のあなたの周りの人の健康状態について伺います。

①	家族や同居者で新型インフルエンザに罹った人が	いる	いない
②	あなたの住んでいる町で新型インフルエンザの発症が	あった	ない

2009年は，国内外でインフルエンザに振り回された年でもあった。学校・学級の閉鎖が頻発した。また，実態を把握するために上述のようなアンケートも繰り返されたのである。インフルエンザ自体は日本のような温帯では例年，冬に流行する季節性の疾病と思われてきた。この季節性のインフルエンザに対して「新型インフルエンザ」は，ブタやトリのインフルエンザを引き起こす原因であるウイルスで，人間がまだ免疫を獲得していない段階で，偶然，人間にも感染(人間の体内でウイルスが増殖)するように変異が起こり，さらに，人間から人間や感染するようになったものである。性質がよくわかっていないものあり，世界的な大流行が懸念されたため，高度の警戒態勢が取られたのである。

インフルエンザの症状は，インフルエンザウイルスの感染数日(1～3日の潜伏期間)後に，急激に38～39℃という高熱を発し，3～5日続く。さらに，咳やのどの痛み(咽頭痛)，鼻水などの呼吸器系の症状や頭痛，筋肉痛，関節痛，倦怠感など全身性の症状もみられる。これらの他，嘔吐や下痢など消化器系の症状がみられる。小児や高齢者，虚弱な方，慢性疾患がある方(ハイリスクグループ)などの場合は，合併症が起ったり，症状が重くなることがある。

小児では，この合併症に「インフルエンザ脳症」が知られている。声を掛けても反応が鈍かったり，遅かったり，意味不明な言葉や行動をとったり，30分近い引き付けが起こることもある。

高齢者の場合は，肺炎がしばしばみられる。インフルエンザウイルスが感染し，弱っている体に別の病原体が襲いかかり肺炎に進行することがある。息が苦しそうだったり，速かったり，荒かったり。また，咳が長びいたりの症状がみられる。

こうしたインフルエンザの症状自体は，古代エジプト時代の医学文書にも記述が見られるが，名称は16世紀にイタリアで付けられたと考えられている。当時は，細菌学や微生物学が確立しておらず，こうした症状は瘴気やミヤズマなどといわれた空気によって広まっていくと考えられていた。それでも，春を迎えると消息するのだが，それが天体の運行などの「影響」を受けると考えていた。この天体の運行と地球の出来事が関係するという考えは，古代メソポタミア時代には明瞭に見られるものである。そして，この「影響」を表す言葉であるイタリア語の「インフルエンツァ(influenza)」が18世紀にイギリスに伝えられ「インフルエンザ」の名が定着したと考えられている。

新型インフルエンザへの対応

インフルエンザは，A，B，Cの3つの型があるインフルエンザウイルスによって起こるものである。A型とB型が一般にいわれるヒトインフルエンザの原因ウイルスでC型とは性質がかなり異なっている。A型にはソ連型インフルエンザ(H1N1)と香港型インフルエンザ(H3N2)が知られていた。ところが，2004年に発生した高原性鳥インフルエンザ(H5N1)や2009年春，メキシコではじめて発見され世界的な広がりが伝えられたブタ由来A型インフルエンザ(H1N1)は，「新型インフルエンザ」とよばれる。たとえば，本来，鳥のみに感染していた鳥インフルエンザウイルスが，たまたま，人間に感染し，さらに人間の体内で増殖できるような変異が起こり，人間から人間への感染が起こるようになったものである。

ここでインフルエンザの型の表記の仕方について触れておきたい。インフルエンザのウイルスの表面にはHA(hemagglutinin：ヘマグルチニン)とNA (neuraminidase：ノイラミニダーゼ)という2種類の糖が結合したタンパク質が並んでいる。HAは鳥や人間の細胞にウイルスが侵入する際，細胞のウイルス受容体に働きかけ，侵入をしやすくする。一方，NAはウイルスが感染した細胞から離れ，細胞外へ出て行くときに働く。このようなHAは16種類，NAは9種類が知られている。つまり，A型インフルエンザには16×9＝144種類の類似したタイプのものがあり，その内の一つ(亜型)であるということになる。大規模感染が恐れられているH5N1とは，HAが5番目，NAが1番目の亜型ということである。これまで流行した季節性のインフルエンザはH1N1 (ソ連型)やH3N2 (香港型)であった。その意味からH5は新たなウイルスの登場ということになるのである。

この新型インフルエンザウイルスについて，人間は免疫を獲得していないため，人間から人間へ感染が進み，ひいてはパンデミック(爆発的な感染)が起こる可能性があるのである。感染の仕方には，飛沫感染と接触感染がある。他人に感染させてしまう期間は，発熱1日前から10日間程度と推定されている。人口の5%～10%が罹ると見積もられている。

飛沫感染：感染者のせきやくしゃみなどで空気中へ放出されたウイルスを感染していない健常者が吸い込み，ウイルスが鼻の粘膜や口腔内に付着して感染が生じる。飛沫は距離的には1メートル程度だが，1回当たり100万個程度せきやくしゃみでしぶきが飛び散り，感染者の近くにいる人に広がってしまうのである。

接触感染：インフルエンザウイルスに感染した人がせきやくしゃみを手で押さえ，その手でドアのノブやスイッチ，機器類などに触ると，その場所にウイルスが付着する。それを感染していない人が触り，目，鼻，口などにさらに触れたときに起こるものである。感染力自体は，飛沫感染より落ちる。

予防としては，帰宅後や他者が触れたものに触れた場合には，手洗いやうがいを徹底して行うことである。また，インフルエンザが流行している所や繁華街などの人ごみの中に入っていかない。不要な外出はしない。外出時にはマスクの着用や咳エチケットをまもることも重要である。咳やくしゃみが出そうなときは，ティッシュ・ペーパーなどで口や鼻を覆い，他人と顔をそらし，距離を1メートル以上開けるようにする。要は「自分がうつらない」「他人にうつさない」の態度が重要である。

流行前には予防としてワクチン接種も考えられる。A型，B型インフルエンザに対してワクチン接種が可能である。効果として100％発症を抑えることはできないが，合併症や死亡率の減少，感染後でも症状の緩和が期待できる。とくに高齢者では対策の有効手段である。

ところで，2005年11月，インフルエンザの治療薬「タミフル」を服用した児童で一人が突然死，二人が異常行動で死亡と報告され，社会的にも強い関心をよんだ。世界的にみても日本はタミフルを多用している国である。その後の調査では，タミフルを用いると「大声をあげる」などの行動は15％程度にみられるが，自分に危害を与えたり，他者を傷つける「自傷他害」は0.5％程度で，タミフルが異常行動を起こしたとはいえない結果も提出されている。

インフルエンザでは，パンデミックが心配されている。実際，20世紀の間には3度，このパンデミックと考えられる大流行が起きている。1918年のスペインかぜ，1957年のアジアかぜ，1968年の香港かぜである。とくに，スペインかぜでは約5,000万人の死者が出たといわれる。国際保健機関（WHO）では，新型インフルエンザのパンデミックへ至るまでの過程を次の6つに分けている。

フェーズ1：動物のなかで循環しているウイルスがヒトで感染したという報告がない。
フェーズ2：家畜あるいは野生動物で循環しているウイルスからヒトへの感染がみられる。
フェーズ3：動物あるいはヒトと動物の交雑ウイルスがヒトで感染したが，ヒトとヒトの間では大きな感染に至っていない。
フェーズ4：ヒトからヒトへの集団感染が起こる。パンデミックの危険性が増加。
フェーズ5：WHOが定めた域内の少なくとも2か国でヒトからヒトへの感染が続く。
フェーズ6：パンデミックの発生。

（3） 現代の感染症

O-157や新型インフルエンザの他にも，BSEやSARSなどが国際的も話題になった。これらについてもみておこう。

牛海綿状脳症（BSE）

1986年イギリスでウシの脳が海綿（スポンジ）のようにスカスカになってしまっている状態が見つかった。ここから異常な行動が見られるようになり，ほどなく立てなくなり亡くなってしまう疾病である。俗称として，狂牛病ともいわれたが，正式には「牛海綿状脳症（BSE: Bovine Spongifirm Encephalopathy）」である。これは病原菌が原因ではなく，「BSEに感染した牛を解体して得た脳や内臓から作られた肉骨粉を餌として食べたウシが「異常プリオン」というタンパク質が神経や脊髄を通して脳に蓄積したことから起こるものであった。本来，草食動物で，動物性タンパク質の摂取が極めて限られるウシに，動物性タンパク質を主体としたこの肉骨粉を飼料に使うのは，これによって良質の乳汁の生産やウシ自体の成長の促進が見られることによる。

このBSEが社会的，国際的に話題になったのは，1996年にBSEが人間に感染するとイギリス政府が発表し，それがBSEのウシを人間が食べると人間にもうつると理解されたからであった。人間に感染した場合は「変形型クロイツフェルト・ヤコブ病(vCJD)」とよばれる。足のよろめきなど歩行が障害され，さらに，幻覚，うつ状態，食欲不振，認知症などが生じ，ついには死に至ることが報告されている。潜伏期間10年とされるが，発症から死亡までの期間は約14か月といわれる。レストランから牛肉料理のメニューが消えたことで社会的な不安が増幅された。

日本では，BSEの人間への感染が指摘された1996年にイギリスからの肉骨粉の輸入を禁止していたが，2001年9月には国内でBSEのウシが発見されたのである。そこで，同月，厚生労働省は，「国際獣疫事務局(OIE)」の基準に従って，異常プリオンが蓄積されている可能性が高い脳，眼，回腸遠位部(小腸の盲腸側の一部)について，すべてのウシに対して焼却処分を通達した。そして，翌10月にはウシに対して「全頭検査」を行っているので安全であるという「安全宣言」が出された。そして，この「全頭検査」により本当に安全が保障されたのか，という点について社会的な議論が巻き起こったのである。

世界一厳しい全頭検査を実施している日本というふれこみではあったが，それでも感染したウシを見逃す可能性があると指摘された。その理由は，欧米での検査は生後30か月以上のウシの一部に対して実施しているのだが，30か月の段階で発見されるのはBSE感染牛の0.005％（2千頭当たり1頭)である。実際，日本はOIEでは安全な国と認められていなかったのである。異常プリオンの活性がなくなるのは250℃以上，3時間以上の加熱が必要であり，焼肉程度では失活しない。2004年に内閣府食品安全委員会が試算したところ，日本で牛肉を食べてvCJDを発病する可能性はほとんどないという。

重症急性呼吸器症候群
(サーズ，SARS: Severe Acute Respiratory Syndrome)

2002年の冬から2003年の春にかけて，新型肺炎の発症で世界的に文字通りのパニックに陥った。すなわち，38℃以上の急な発熱。たんを伴わない咳，息切れ，呼吸困難などであり，発病すると呼吸器に重大な問題を引き起こし，死に至ることがある感染症として世界保健機関(WHO)も国際的な警戒態勢をよびかけた。

2003年春に香港の病院で確認された138人の症状は，発熱が100％，悪寒・筋肉硬直が約73％，咳約57％などであった。また，発病した場合の死亡率は，全年齢では14％程度で，24歳以下では1％未満といわれるが，65歳以上では50％を超えるのである。感染の経路は，インフルエンザと同様の飛沫感染と接触感染である。SARSの原因は，コロナウイルス(冠の形をしたウイルス)が原因と考えられ，日本では鳥インフルエンザと同様，2類感染症に分類されている。

予防としては，他の感染症と同様，患者の個室収容や体温計，石鹸などの個人専用，マスク，ゴーグル等の使用，手洗い，手袋の着用が挙げられる。

デング熱

2014年夏，50年前の「東京オリンピック」開催地の一つであった国立代々木競技場に隣接する代々木公園は，立ち入り禁止の黄色のテープで囲まれ完全な防護服を着た職員が物々しく蚊の採集をしている様子がメディアで繰り返し流された。全国を震撼させた「デング熱」の発端であった。

このデング熱とは，dengue fever を直訳したものである。語源は明確になっていないが，別名を break bone fever というところから，骨の痛みに関係した「引きづり」を示すスペイン語 dengue に由来するという考えがある。デングウイルスによって起こる熱帯感染症である。ヒトからヒトへは感染しないが，ネッタイシマカやヒトスジシマカなどの蚊の媒介によって起こる。デングウイルスに感染した患者を蚊が刺すと，蚊の体内でデングウイルスが増殖をする。18世紀末から今日とほぼ同様な症状が記載され，日本でも太平洋戦争終結後，南方から引き揚げてきた軍人軍属で，蚊に刺されていた人を発端に感染していった記録がある。その増殖したウイルスを別の人間に刺して感染させていくというメカニズムである。このウイルスに対する直接的な治療法はなく，対症療法が用いられている。

症状は，厚生労働省検疫所などではつぎのように解説している。蚊に刺されてから2～15日(通常3～7日)後，38～40℃の発熱が起こり，激しい頭痛や筋肉痛や関節痛，発疹がみられ，場合によっては食欲不振や腹痛などの症状も知られている。そして，発熱後3～4日後には発疹が胸部や体幹から起こり，顔面や四肢に拡がっていく。とはいえ，重症化することはまれといわれ，1週間程度でこれらの症状が消失するとしている。

血液検査を行い，病原体や遺伝子の検出をする。予防としては，ワクチンはないため，何はともあれ蚊に刺されないことであり，蚊が多く生息していそうな場所に近づかない，肌の露出度の高い衣服は外出時には着ない，虫よけ剤を効果的に利用するなどが挙げられている。デング熱には4つの型がある。一度感染すると，その型の免役は一生続くが，他の型に感染することはあるといわれる。

エボラ出血熱

2007年6月から全面的に施行された「感染症の予防及び感染症患者に対する医療に関する法律」の「前文」には「感染症を根絶することは，正に人類の悲願と言えるものである」と述べられている。そして，この法律の「目的」は，「感染症の発症を予防し，及びそのまん延の防止を図り，もって公衆衛生の向上及び増進を図ることを目的とする」である。第6条に感染症が分類されているが，その「一類感染症」の最初に掲げられているのが「エボラ出血熱(Ebola hemorrhagic fever)」である。1976年中部アフリカを流れる「エボラ川」流域で最初の患者が発見されたことから，この名が付けられた。世界保健機関からの報告によれば，2015年初めの段階で，西アフリカのギニア，リベリア，シェラレオネで発生している。

原因は，エボラウイルス科に属するウイルスである。オオコウモリ科のコウモリが自然宿主と報告されている。このウイルスに感染した患者の体液や血液，分泌物に直接触れる，あるいはこれらが付着したものから感染する。空気感染はみられない。症状は，エボラウイルスに感染すると潜伏期間2～21日（通常は，約1週間程度）で，突然，39℃以上の高熱や頭痛，筋肉痛，疲労感などがあり，嘔吐，腹部の痛みがみられ嘔吐や下痢，激しい出血，肝機能や腎機能の低下などが起こる。地域的に限定された感染が何度かあり，その際の致死率は最高で90％に達した。

2015年はじめの段階で，確立された治療法は知られていない。医療従事者でも感染が報告されている。感染が見られる地域に立ち入らない，感染が疑われる人に接しないことはもとより，発熱，下血などの症状が出た場合には早めに医療機関に出向き，受診することである。

Ⅳ－3　免疫，アレルギー，花粉症

（1）　免疫とワクチン

感染症の対策で話題になるのが，ワクチンの利用や開発である。また，春先になると天気予報などで「今年の花粉の飛散は」という「花粉情報」が気になる花粉症がある。両者に関係するのが免疫という現象であり，さらに，アレルギー，アトピーなども免疫現象と密接に関係する。

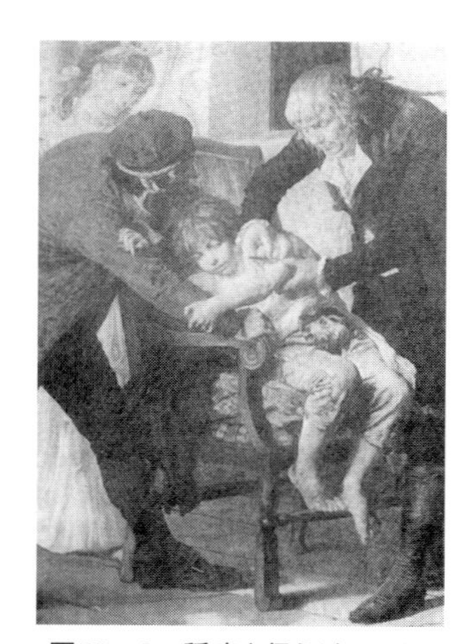

図Ⅳ－6　種痘を行うジェンナー
（G. メリング画）

「二度と同じ病気にかからない」という意味での「免疫」現象は古代から知られていた。18世紀に入ると，この自分で自分の身を守る免疫現象と感染症の関係に光があてられるようになったのである。イギリスの外科医ジェンナー（Edward Jenner, 1749-1823）は，牧場関係者からウシを扱う人々に伝播する牛痘に感染したことがある人は，牛痘から難を逃れることや天然痘の流行があっても無事であることを聞いた。そこで，批判を浴びながらも子どもに牛痘の人体接種を試してみたところ，確かに天然痘を免れることができた（図Ⅳ－6）。ジェンナーはこの結果を1798年，「イングランド西部の諸州，とくにグルセスター州に見出され，牛痘とよばれる一疾病の原因および作用に関する研究」と題する論文にまとめて発表した。1800年までに約2万人がこの接種を受けた記録がある。あらかじめ病気にかかるのを予防する薬物の典型であるワクチンの語源はジェンナーの研究で登場した「雄牛」を意味している。

さて，こうした研究から人体に影響を与えない程度に病原菌の毒性を薄め（弱毒化），それを人体に接種すれば伝染病に罹らないことが考えられ，その実現が求められた。それに応えたのが，フランスのパスツール（Louis Pasteur, 1822-1895）である。彼は毒性の弱い菌株を作り出す方法を考案し，ニワトリコレラ（1880）や狂犬病(1885)のワクチンを調製して人体への接種を行い成功に導いた。「疫を免れる」という意味での免疫概念の成立である。そして，予防薬としてのワクチンも社会的に知られるようになった。

ワクチンは大別すると，病原菌を弱毒化して調製するものと，病原菌を活動させないようにして(不活性化)調製するものがある。いずれも病原菌を異物として免疫反応を起こさせるものである。日本の予防接種法では，百日咳，ジフテリア，ポリオなど(定期接種)，インフルエンザ，日本脳炎(臨時接種)などに対して実施されている。

さて，免疫の概念は，ともにドイツの細菌学者コッホ(Heinrich Herman Robert Koch, 1843-1910)の下に学んだドイツのベーリング(Emil Adolf von Behring, 1854-1917)と日本の北里柴三郎(1852-1931)によって大きく進展した(図Ⅳ－7)。1890年にベーリングと北里は，すでに発見されていたジフテリア菌や北里が自身で純粋培養に成功した破傷風菌を弱毒化してウサギに注射し，免疫反応を起こさせた。そして，注射されたウサギの血液中の血清からそれぞれの菌が出す「毒素」(今日の抗原に相当)を特異的に破壊する「抗毒素」(今日の抗体に相当)を発見した。この研究は大きな反響をよび，ベーリングは1901年第1回めのノーベル生理学・医学賞を受賞した。そして，1940年代を境にして，従来の「2度と同じ病気にかからない」という免疫の概念が，免疫の仕組みを基に「抗原と抗体の特異的反応」(抗原抗体反応)というものに変わってきた。この抗原抗体反応は，免疫を引き起こす物質(抗原)が体内に入り込むと，それに応じて体内でそれを無毒化する働きをもつタンパク質(抗体)が生産される反応である。

図Ⅳ－7　北里柴三郎(右)とコッホ(左)

ジェンナー，パスツールらの考えたワクチンは，病原性をもつ病原体を生きたままその病原性を弱めたもので，生きたものを使うため「生ワクチン」という。BCG，ポリオ，麻疹風疹混合，水痘(おたふくかぜ)のワクチンが該当する。これに対して，病原体の成分で抗原性を持つ部分を分離して作成したワクチンを「不活性ワクチン」とよんでいる。B型肝炎やヒブ(Hib：髄膜炎や肺炎を起こす)，肺炎球菌，三種混合，日本脳炎，インフルエンザなどのワクチンである。

(2)　アレルギーとアトピー

アレルギー

細菌などの外来性の抗原に対して抗体をつくり出す反応が，必ずしも人体にとって有利になるとは限らない場合がある。こうした生体に不都合になる抗原と抗体の反応を「アレルギー(allergy)」とよんでいる。たとえば，ある抗原に対して抗体を生産している体内でもう一度，同じ抗原と接した場合，過敏になりこの抗原に強い反応性を示す場合である。1906年にオーストリアの医学者が造った語である。アレルギーは，空気中のほこり(ハウスダスト)や草木の花粉，胞子，動物のふけ，獣毛，塗料，エビ，カニ，イカ，タコなどの水産物，牛乳，卵，ハチの昆虫毒，太陽の光の紫外線などで起こる。

食物が原因で起こるアレルギーが「食物アレルギー」である。胃や腸を通じて体の表面の皮膚のいたるところに「じん麻疹」がでる場合が極めて多い。誕生してほどない乳児の場合は，胃や腸などの機能が成熟していないため食物アレルギーが起こりやすい。消化不良の食物に対してアレルギー反応が起こるためであると考えられている。対策として，こうした反応を避けるために食物を食べずにいるというよりも，食べ慣れていくことの方が重要とされる。とはいえ，食物アレルギーを引き起こす最多の食物は卵であり，親がアレルギー体質の場合，1歳くらいまで卵を使用しないとか，米に関しても精白米を用いる工夫が指摘されている。

アレルギー反応には即時型と遅延型の2種類が知られている。即時型は，体液性免疫反応ともよばれ，じんま疹やぜんそく，牛乳を飲んだ時の下痢など，直ちに反応を示す場合である。アレルギーを引き起こす抗原(アレルゲン)が体内に入ると，抗体の主成分のタンパク質である免疫グロブリンの一種(IgE)と結合した肥満細胞から，ヒスタミンなどの生理活性物質が分泌されて起こるものである。

一方，遅延型は抗体が関与しない。ツベルクリン反応のように1日から数日後に反応が起こる。体に障害を引き起こす抗原を排除し身を守る生体防御反応を行うリンパ球や食作用があるマクロファージ(大食細胞)のような細胞を免疫担当細胞とよんでいる。遅延型アレルギーには，胸腺に由来したTリンパ球とマクロファージが関与するので，細胞性免疫反応の一種である。うるしによる皮膚のかぶれも遅延型である。

アトピー性皮膚炎

食物アレルギーから生じる可能性があるアレルギー疾患で，ギリシャ語で特定できないとか奇妙なという意味をもつのが「アトピー」であり，その代表格が「アトピー性皮膚炎(Atopic dermatitis)」である。1930年代前半にアメリカで命名された。大半が乳幼児期に発症する。発達段階にともなって，湿疹が広がっていく。小学校1年生時に約15%の生徒が患っているという調査結果がある。頭部から顔面，体幹，四肢に及ぶ。かゆく，掻かないとたまらない気持ちなり，逆に掻くことで症状が悪化してしまうやっかいな疾患である。

中学校入学前の10歳前後には自然に症状がなくなることもしばしばであったが，1980年代に入ると思春期，成人期でも症状が持続する事例が珍しくなくなった。いったん収まったかにみえた症状の再発である。顔面が特長的に赤い(アトピック・レッドフエイス)成人型アトピー性皮膚炎であり，社会的にも強い関心をよんだ。

皮膚は体をシートで覆い，体外からの病原体の侵入を防ぐバリアの働きがある。このバリア機能の低下により生じるのがアトピー性皮膚炎である。いわゆる「肌の弱い子」がイメージされ，洗浄，清拭，保湿などのスキンケアが必要である。日常的なスキンケアとしては，入浴，少なくともシャワーを浴びることを習慣化し，汗を流し体表面の汚れを落とすことから清潔を保つことである。アトピー性皮膚炎のほかの原因としては，なんらかの事情で皮膚に傷がつき，そこからアレルゲンなどが侵入して炎症を起こすことも指摘されている。物質的に考えると，通常，皮膚の細胞にはセラミドとよばれる水分を保持する脂質が含まれている。それがアトピー性皮膚炎の場合は，保水力が乏しいスフィゴシルフォリルコリンが多くなっていることが知られている。

アトピー性皮膚炎の原因として，家族内でしばしば見出されることから遺伝性が疑われる。具体的には，皮膚のバリア機能で皮脂が少ないことが指摘され，この皮脂の体内における合成に関係する遺伝子の働きに求める考え方や炎症を起こす遺伝子が関連するという見方がある。こうした，遺伝的要因ばかりでなく，ダニやハウスダスト，とくに冬場の部屋の乾燥などの住環境やストレス，不規則な生活習慣など環境要因も原因，あるいは症状の悪化に関与すると考えられている。

アトピー性皮膚炎を根本的に治療する（根治治療）方法は現在のところ知られていない。1980年代後半には，アレルギー源となる食事を制限する「食事制限療法」が考えられたが，必ずしも食物のみに原因を求めることができないこと。極端に食事を制限すると子どもの発達段階で逆に栄養や発達が阻害されることが指摘された。そのため，薬物療法として，一時期，効果が疑われたこともあったが，過剰となったアレルギー反応を抑えるために化学構造上，ステロイド骨格をもつステロイド外用剤が使われている。クリームや軟膏，ローションなどのタイプがある。入浴後に保湿剤を塗っておくことも心がける点である。かゆみに対しては，抗ヒスタミン剤や抗アレルギー剤が，赤面になるのを防ぐにはタクロリムスとよばれる免疫抑制剤の一種が利用されている。少なくない民間療法が社会的に知られているが，その効果は認められていない状態である。

（3） 花粉症の症状と対策

花粉症の症状

連発するくしゃみ，鼻のつまり，水のような鼻水が止まらない，思い切り掻きたくなる目のかゆみなど2月末からスギ花粉が飛ぶようになるとこうした症状に悩む人は人口の10％を超えるという。30％以上という推定もある。季節病の代表の感さえあるのが「花粉症（pollenosis）」である。欧米では古代から知られていたが，日本で話題になるのは1963年，日光地方からといわれる。1980年前後のスギ花粉の大量飛散にともなう多数の花粉症患者の出現で社会的に良く知られるようになったといわれる。実際，日本における花粉症の80％はスギ花粉が原因であり，第二次世界大戦後に植林されたものに由来するといわれる。この花粉の大きさは直径30 μm程度と1 mmの30分の1ほどである。ちなみに，花粉症の原因植物としては，アメリカではブタクサ，イギリス・ヨーロッパ大陸ではイネ科の牧草，北欧ではカバノキ科の樹木が知られている。花粉症はアレルギー反応の一種である。

花粉症の3大症状として，くしゃみ，鼻水，鼻づまり（アレルギー性鼻炎）が挙げられるが，同時にもっとも多くの人が感じるのが目のかゆみ（アレルギー性結膜炎）である。目では涙や充血が起こることがある。さらに，のどに痛みを感じる場合や倦怠感もある。風邪と異なる点として，風邪ではしばしば発熱が起こるが，花粉症で発熱が生じることはほとんどない。また，風邪と比べて花粉症の方が季節性が高く，特定の時期の間，継続する。鼻水も花粉症の場合は，さらさらした液状だが，風邪は場合によっては詰まり息苦しくなるどろどろした感じのものもある。また，発症は20～30代が多いことが知られている。

花粉症の原因

花粉症は，空気中の花粉を呼吸の際，吸い込んでしまうところから始まる。そして，この花粉がアレルゲン（吸引性抗原）となり鼻やのどの粘膜に付着する。すると，粘膜細胞がそれをリンパ球に伝達し，アレルゲンを異物として認識し，これに対する抗体が生産される。そして，この抗体が「マスト細胞」の表面で抗原抗体反応を起こす。これが刺激となってマスト細胞（肥満細胞）から炎症を起こす生理活性物質ヒスタミンなどを分泌する。これが目や鼻の粘膜に作用して症状がみられるようになるのである。そのため，治療としてはこのヒスタミンの作用を低下させる薬剤が用いられる。花粉症の内服薬といえば，抗ヒスタミン効果をもつものが即効性もあり代表的である。ただし，多くの場合，副作用として眠気を起こすことがあり注意が必要である。

原因となる植物の花粉は，時期によって木の場合と草の場合がある。花粉症は，2月頃から11月頃まで続くが，2月から6月頃までは木の花粉が，5月頃から11月頃までは草の花粉が飛散する。植物分布は植生や植林を含めて，地域によって異なるので，地域の特性を理解しておくことが求められる。

代表的な植物の開花期と花粉の飛散時期をまとめると次のようである（図Ⅳ－8）。

□主な原因植物の開花時期および飛散時期

主な原因植物
開花時期および飛散時期
1月 2月 3月 4月 5月 6月 7月 8月 9月 10月 11月

スギ（スギ科）
ヒノキ（ヒノキ科）
スズメノテッポウ（イネ科）
カモガヤ（イネ科）
ホソムギ（イネ科）
ハルガヤ（イネ科）
オオアワガエリ（イネ科）
ブタクサ（キク科）
ヨモギ（キク科）
カナムグラ（クワ科）

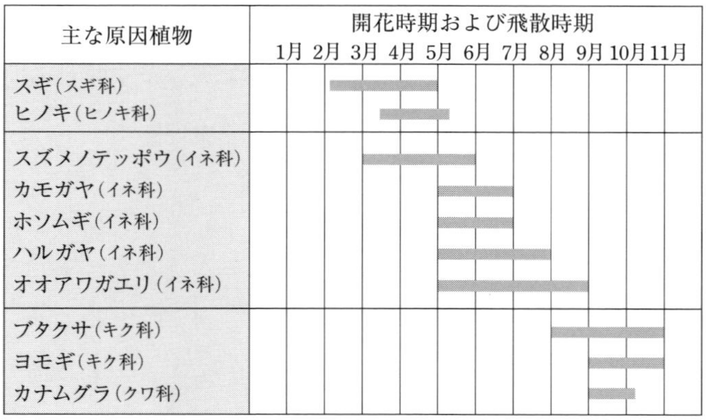

監修：東邦大学薬学部教授　佐橋紀男

図Ⅳ－8　花粉症の原因植物と飛散時期

花粉症対策

原因が花粉なので花粉を避けることがまず考えられる。そのためには，花粉飛散の情報を的確に把握し，強風や雨天の日など花粉の飛散が増加すると考えられる時期には外出を控えることである。また，洗濯物を干す際，洗濯物がもっとも乾きやすい晴れた日の午後2～3時頃がじつは，花粉がもっとも飛散しやすい時間帯でもあり，洗濯物を取り入れる時に，花粉も一緒に室内に取り込んでしまう恐れがある。その他，外出する際は，マスクの着用や衣類も飛散した花粉が付着しにくい木綿や木綿と化繊の混紡の素材のものが好ましい。また，帰宅時にはうがい，洗顔，場合によっては洗顔が望ましい。

もっとも，花粉症の原因は花粉だけに求めるのではなく，「生活環境因子」も関与していると考えられている。ストレスや疲労，不規則な生活，喫煙習慣も花粉症を起こしやすくなる要因として指摘されている。食生活でも，日本人の食事が欧米化し，高カロリー，高タンパク質化しており，これがアレルギー疾患と関連しているという指摘がある。肉，卵，牛乳などのタンパク質性の食品やコショウ，辛子，ワサビなどの香辛料などを減量し，野菜を増やすなどバランスとれた食事にすることも対策に入る。

さらに，室内には花粉が外から入ってくることを極力減らすため，窓やドアの開閉を手短に行うことも必要である。また，現在の居間には，カーテン，カーペット，じゅうたん，ソファーさらには大きなぬいぐるみなど，花粉やほこりがたまりやすい箇所が大きく占めているといっても過言でない。そのためには，こまめに清掃を行い，室内に花粉を残さないようにすることが必要である。遺伝的に免疫抑制に関するタンパク質(免疫グロブリン)を作り出す遺伝子の発現の状態も一因である。さらに，居住地の周りに雑草にカモガヤやホソムギ(イネ科)，ブタクサやヨモギ(キク科)など花粉症を引き起こす代表格の植物が生息している場合は，除去することも考える。減感作療法というアレルゲンに体を慣らしていく方法もある。たとえば，スギ花粉のエキスを体に注射し，これに対する抗体を体内で作り出させるようにすることである。しかし，喘息やじん麻疹，赤く腫れる，血圧の低下など副作用が生じることもある。

V. 地球環境と宇宙

V−1 地球環境問題の登場

1987年，国際連合総会において設置された「環境と開発に関する世界委員会」で，「持続可能な開発（Sustainable Development）」と題された人類の発展と環境保全に関する基本理念が提唱された。世界経済の安定的発展と地球環境の保全を人類の叡智を使って両立させようとするものである。1970年までの地球規模での環境問題に対する対応を受けたものであった。地球環境問題については，オゾン層の破壊，地球温暖化，酸性雨，有害廃棄物の越境移動，海洋汚染，熱帯林の減少，砂漠化，開発途上国の問題の9項目が1990年度の『環境白書』で取り上げられている。

これらは，現在の生存している我々だけの問題ではなく，子孫にも影響を及ぼしたり，自国のみでなく，周辺国も巻き込むものである。

（1） 戦争の余波と環境問題

原子力発電所

原子力を発電に利用することは第二次世界大戦後に始まり，1954年6月には当時のソ連のオブニンスクに建設された世界初の原子力発電所（5,000 kW）が操業を開始した。また，1956年1月にはフランスでも同規模の発電所が臨界に達している。より大規模なものは同年5月に操業を開始したイギリスのコールダーホール原子力発電所（46,000 kW）であった。

日本でも1956年1月に原子力三法が施行され，原子力委員会が発足した。そして，同年6月に茨城県東海村に特殊法人原子力研究所が設立され，濃縮ウランを使った実験研究用軽水型の原子炉が設けられた。翌年8月日本でも「原子の火」が灯ったのである。原子力を使った電力の営業運転は同研究所の日本原子力発電株式会社（1959年設置認可）が，イギリスから輸入したガス冷却炉を使ったもので1966年7月から運転開始した。発電量は166,000 kW である。

国際的には以下の各国に原子力発電所が設けられ発電が続けられている。2011年5月現在で稼動中の発電基数と年間発電量は次のようである。

アメリカ104基（8,378億キロワット時），フランス58基（4,395億キロワット時），日本54基（2,581億キロワット時），ロシア28基（1,631億キロワット時），韓国20基（1,510億キロワット時），ドイツ17基（1,485億キロワット時），中国13基（684億キロワット時）などである。

また，日本国内では1957年茨城県東海村で初の原子炉が稼動して以来，各電力会社が原子力発電所を有しており，発電機の数と運転開始時期をまとめると以下のようである。

北海道電力　泊(3：1989～2009年)

東北電力　女川(3：1984～2002年)，東通(1：2005年)，

東京電力　福島第一(6：1971～1979年)，第二(4：1982から1987年)，
柏崎刈羽(7：1985～1997年)

中部電力　浜岡(3：1976～2005年)

北陸電力　志賀(2：1993～2006年)

関西電力　美浜(3：1970～1976年)，高浜(4：1974～1985年)，
大飯(4：1979～1993年)

中国電力　島根(2：1974～1989年)

四国電力　伊方(3：1977～1994年)

九州電力　玄海(4：1975～1997年)，川内(2：1984～1985年)

日本原子力発電　東海第二(1：1978年)，敦賀(2：1970～1987年)

これらのうちで発電量が最大のものは，柏崎刈羽原子力発電所の改良型沸騰水型炉の6号機，7号機でともに1,356,000 kWである。これら以外にも大間(青森県)や高速増殖炉を備えたもの(福井県)などの原子力発電所がいくつかある。

原子力発電所の事故

放射性物質の影響は，原子爆弾(図V－1)はもとより，原子力の平和利用といわれる原子力発電所が事故を起こした場合にもみられる。よく知られている原子力発電所の事故としては，アメリカのスリーマイル島原子力発電所の事故やロシアのチェルノブイリで起こった事故(図V－2)がある。

スリーマイル島原子力発電所は，アメリカ東部のペンシルベニア州にある。ここでの事故は，1978年12月から営業運転を始めた第2号機によるもので，翌年の1979年3月28日に起こった。この原子炉は「加圧水型」とよばれる。核分裂により発生した熱で高温になった原子炉内部の水に圧力を掛け，蒸気発生器まで運びさら

図V－1　原子爆弾

図V－2　原子力発電所の事故

に原子炉を循環させる型である。この日の未明，轟音とともに蒸気が立ち上がり，警報器が鳴り響いたという。蒸気発生器を冷やす冷却水を送るポンプが壊れ(冷却材喪失)，原子炉の炉心部が融解(メルトダウン)し，大量の放射性物質が発電所外部に漏れ始めたのである。

体外被曝線量からみて人体に重要な影響を与えるものではないとされたが，原子炉内で作業した者や汚染地区での作業員らに対する体内被曝に関する調査が不十分との指摘があった。

一方，1986年4月26日には，ロシアのチェルノブイリ原子力発電所で事故が起こった。ここの第4号炉が暴走を始めてしまったのである。2度の大爆発が起こり，原子炉からは広島に投下された原子爆弾に換算して約100発分の放射性物質が放出されてしまった。ここは合金の管に燃料棒が収められ束ねられて燃料チャンネルを構成する当時のロシア独自の「大容量チャンネル炉」とよばれる型である。放射性物質は上空1,000メートル以上にまで上昇したと考えられ，発電所から30キロメートルが立ち退き地域に指定され，135,000人以上が避難したのであった。

また，2日後には現場から1,200キロメートル以上離れた北欧のノルウエーやスウェーデンでも放射性物質が検出された。人体への影響として懸念されたのは放射性ヨウ素131である。これを浴びた牧草を乳牛が食べると牛乳に放射性物質が含まれ，それを人間が飲むと甲状腺に異常が生じ，ここで造られるホルモンやこの部位での発がんが心配されたのである。実際に短時間に大量の放射性物質を浴びたと考えられた発電所関係者や消防・警備関係者はキエフやモスクワの病院に搬送され血液などの検査を受け，13人に骨髄移植が行われた。政府発表では，この原発事故で31名が死亡したとしている。

そして，2011年3月11日には東日本大震災の影響で，東京電力福島第一原子力発電所でも6機のうち4機で事故が起きた(図V－3)。1号機から3号機が運転中であったが，地震により自動停止した。しかし，冷却に必要な電源が得られなかったので冷却できなくなり水素爆発を起こしてしまった。また，この水素爆発は定期点検中の4号機でも生じた。これらはみな運転開始して30年以上たっており，震災後すべて廃炉にすることが決められた。一方，福島第二原子力発電所の4機は，福島第一原子力発電所と同様に冷却ができなくなっていたが，外部電源が確保されたため震災後4日めの3月15日には冷温停止状態になっている。これら10機はすべて「沸騰水型」の原子炉であった。この沸騰水型とは，原子の核分裂反応で生じたエネルギーで軽水(一般の水)を沸騰させ，高温高圧の蒸気を作り，この蒸気を使ってタービン発電機を稼動させ電気を作り出す型である。

図V－3　東京電力福島第一原子力発電所の事故

人体と放射能

放射線を出す能力がある物質(放射性物質)が放射線を出す能力を放射能といい，その単位をベクレル(Bq)とする。1秒間に一つの原子核が壊れて放射線を放出するとそれが1ベクレルである。一方，放射線が人体に及ぼす影響を示す単位がシーベルト(Sv)である。この1,000分の1がミリシーベルト(mSv)，さらにこの1,000分の1がマイクロシーベルト(μSv)である。生体が放射線を浴びることにより遺伝子の構造や機能に変調を起こすことがあり，ひいてはがんを誘発する可能性もある。外出後のうがいや洗面の励行，雨天の場合は傘をさすことを実行することなどが放射能の影響を小さくする工夫である。

国際放射線防護委員会によれば，7,000 mSv の放射線を被爆すると，ほぼ100パーセントの人間が死亡すると見積もられ，2,500から6,000 mSv では妊娠中の女性では胎児に影響を及ぼす恐れがある。福島第一原子力発電所の事故による避難区域となる目安の年間被爆量は20 mSv，自然界から1年間に受ける放射線量は約2.4 mSv，胃をレントゲンで検診すると1度で0.6 mSv の被爆が見積もられる。

福島第一原子力発電所の事故を受けて，スイス，ドイツ，イタリアなどでは原子力発電を時期を定めて廃止する動きがみられるようになった。また，石油，石炭，天然ガスなどの地下化石資源の枯渇や地球の温暖化への影響を考慮して，代替エネルギーとして太陽光や風力，地熱，波動などによる発電が積極的に考えられ開発が進められるようになってきた。

DDT

1962年アメリカの女性海洋生物学者で作家のカールソン(Rachel Carson, 1907 - 1964)は，『沈黙の春(Silent Spring)』と題する書物を出版した(図V－4)。農薬として大量に使用されていたDDT，BHC などの有機塩素系殺虫剤やパラチオンのような有機リン系の殺虫剤をはじめとした化学物質による環境汚染を警告したのである。アメリカ国内だけで150万部以上発行され，20数か国語に翻訳された。深刻な環境問題が生じていることへの警告の発端であった。

図V－4　「沈黙の春」を出版(カールソン)

DDT (p, p'-ジクロロジフェニルトリクロロエタン)といえば，ある世代以上では第二次世界大戦直後の日本の光景を思い浮かべることであろう。1945年8月15日の敗戦の日，約660万人の日本の軍人軍属，一般人が海外に在留していた。こうした人たちが日本へ引き揚げてくるのである。当時，日本は社会の混乱や衛生環境の悪化が極めていた。そして，1946年には約20年ぶりにコレラの大流行が起こり，さらに発疹チフス，痘瘡その他の伝染病も多発し，日本脳炎の流行もみられた。そこで採られた処置の一つが引揚港，駅，街頭はもとより職場，学校，宿泊施設などで頭からDDT の粉末を振りかけることであった(図V－5)。さらに，空中散布も行なわれたのである。DDT による消毒の効果はてきめんで，チフス・ワクチン接種，ふん尿処理と合わせて，1946年に全国で約32,000人を数えた真性発疹チフスの患者が翌年には約2,500人にまで激減するほどであった。

このDDTは，1874年ドイツのツァイドラー(Othmar Zeidler, 1859-1911)により合成されていた。そして，スイスのバーゼルにあるガイギー社のミュラー(Paul H. muller, 1899-1965)らが1838年に殺虫効果を発見し，その効果を詳細に報告した。ミュラーは1948年「DDTの殺虫効果の研究」によりノーベル生理学・医学賞を受賞している。DDTは白色の結晶性物質でモノクロールベンゼンとクロラールの反応産物である。第二次大戦中にアメリカで大量生産が確立していた。

図V－5　DDTの粉末をかける

しかし，1940年代末から体内に入ると分解されにくく体内に残留してしまう上，食物連鎖を通じて濃縮されていくことが報告されてきた。子どもにDDT中毒がみられるようになり，1949年4月以降，養牛牧場ではDDTの使用が禁止されるようになったのである。日本では，1971年に農薬や殺虫剤としての販売が禁止され，1981年に製造，販売，使用も禁止された。

ダイオキシン

1960年，当時の北ベトナムの支援を受けた南ベトナム民族解放戦線と，南ベトナム政府軍およびこれを支援するアメリカ軍との間で，ベトナム戦争が始まった。翌年，アメリカ軍はジャングルの中に潜むゲリラを掃討すべく「枯葉作戦」を開始した。イネ科の栽培植物の除草剤として利用されていた2, 4-D (ジクロロフェノキシ酢酸)と，同じく除草剤である2, 4, 5-T (2, 4, 5-トリクロロフェノキシ酢酸)の混合液を輸送機から散布したのである。この除草剤の成分に猛毒のダイオキシンが含まれていた。枯葉作戦は1971年まで10年間続けられた。

このダイオキシンとは，塩化ジベンゾパラジオキシン(PCDD)，ともにベンゼン環を2つもち類似した構造の塩化ジベンゾフラン(PCDF)をあわせていう。210種類の異性体が知られているが，それらのうち，もっとも毒性が高いのが2, 3, 7, 8-TCDD (テトラクロロジベンゾパラジオキシン)であり(図V－6)，青酸カリ(シアン化カリウム)の約1,000倍といわれる。白色の個体で水には不溶で有機溶剤に溶ける。

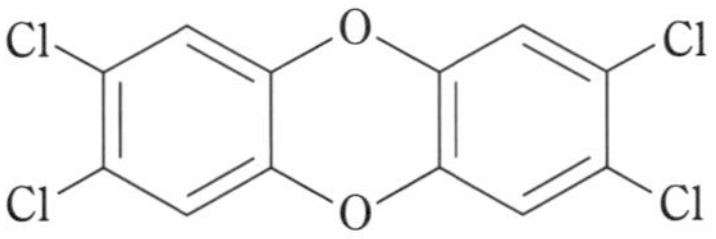

2,3,7,8-四塩化ジベンゾ-*p*-ジオキシン

図V－6　ダイオキシンの構造式

除草剤の作用を受けた妊婦には流産や死産が多く，さらには催奇性がみられる場合があった。なかでもハノイの病院に入院していた二重体児ベトちゃんとドクちゃんは枯葉作戦の最も痛々しい後遺症として世界的な関心をよんだ。二人の体は日本で外科手術により分離され手術自体は成功したもののベトちゃんは2007年に死亡。一方，ドクちゃんは医学を学んだ。

枯葉作戦の他の影響には肝臓機能の低下や皮膚障害，倦怠感を覚えるなどの症状もあった。また，ベトナム人ばかりでなく，作戦を遂行したアメリカ軍人にもこの物質に冒されていたものが続出していた。近年では，精子数の減少や不妊症，アトピーなどへの影響も指摘されている。

このダイオキシンは，1977年，オランダのゴミ焼却場でゴミを焼却して生成された細かな粒状の灰(フライアッシュ)の中に含まれることが報告されて，国際的に大きな関心をよぶことになった。日本でも，1983年に四国のある焼却場から放出された飛灰からダイオキシンが検出され，1995年の阪神淡路大震災後，被災した建築廃材を消却した際にもみられた。そのため，1999年には「ダイオキシン類対策特別措置法」が公布され，大気，水質，土壌ごとに基準値と監視項目が設けられた。

また，このダイオキシンはDDTなどとともに「環境ホルモン」としての作用があることが指摘されている。他にもニジマスなどで雄の魚を雌化させた物質として知られる*p*-ノニルフェノール，食器や哺乳びんから検出され女性ホルモンのエストロゲンと類似した作用があるビスフェノールA，乳幼児の塩化ビニル製のおもちゃから見つかった男性ホルモン，アンドロゲンの作用を抑制する働きがあるとされたフタル酸エステル類などがある。この環境ホルモンという言葉は，1997年にテレビ番組の中で使われて広まったもので，環境省では「外因性内分泌撹乱化学物質」としている。これは，生体のホルモン(生理活性物物質)と同様に微量で作用し，本来のホルモンの作用を撹乱し生殖，発生，成長，行動などに影響を与えるものである。

(2) 酸性雨とオゾン層の破壊

酸性雨

主に石炭や石油などの化石燃料の消費による工場から出た排煙や自動車の排気ガスなどには亜硫酸ガス(SO_2)や一酸化窒素(NO)，二酸化窒素(NO_2)などの窒素化合物(NOx)が大気中に放出される。これらが大気中の酸素と反応すると酸化され，硫酸や硝酸のような強い酸性物質となって大気中に浮遊する。これが雨滴に取り込まれると酸性の雨として地表面に降下する。これが酸性雨である。雪であれば酸性雪，霧であれば酸性霧とよばれる。また，雨滴に混じらず，そのまま酸性降下物として地表面に落ちてくる場合もある。

酸性雨は，川や湖，地下水が酸化し，森林や植物を枯らす。雨水のpH(水素イオン濃度)を測定して5.6以下のものを酸性雨という。ドイツの美観森林地帯(シュバルツヴァルト)で75%の針葉樹木が枯死などの影響が出たり(図V－7)，スウェーデンで，湖で魚が死亡して浮き上がるという出来事が起こった。スウェーデンでは，調べていくうちに国内にある85,000湖のうち，15,000湖が酸性化し，そのなかの4,500湖で魚の生息が困

図V－7　ドイツの美観森林地帯

難になっていたという。湖水が酸性に傾くと，発生中の魚の卵の孵化が阻害され，幼魚になる以前に死亡してしまうことがある。対策として，アルカリ性物質である石灰石を投入する試みがなされたが，期待した効果までは得られなかった。また，酸性雨は土中に含まれるアルミニウムのような金属を土から溶かし出し，それが湖水などに蓄積し，魚により濃縮されることも報告されている。湖の酸性雨による影響は，ノルェーやカナダでも報告されている。そこで，1972年，スウェーデンのストックホルムで開催された「国連人間環境会議」で，開催国のスウェーデン政府が主張し，国際的な関心が高まったのである。

また，酸性雨は，歴史的な建築物にも影響を与えた。たとえば，ギリシャのパルテノン神殿である。また，ヨーロッパ大陸各地にみられる彫刻も大理石を原料としているので部分的に溶出するなど酸性雨の影響を受けてしまった。イギリス・ウェストミンスター寺院やセントポール大聖堂，ドイツ・ケルン大聖堂，インドのタジーマハル廟などでも同様の被害が出た。酸性雨問題は，先進工業国が化石燃料を過度に消費するということばかりでなく，発展途上国のナイジェリアでも焼畑農業で，作物を燃焼させた際に発生する窒素化合物から酸性雨が生じたと考えられ，トウモロコシやコムギに影響がでた。日本では，1974年7月，関東地方でpHの測定値が5より低い4.1～4.5が雨水から測定され社会的関心をよんだ。目や肌に痛みを訴える人が数万人に及んだのである。また，冬場の北陸地方では，中国大陸からの硫酸を含む酸性物質が季節風に乗って日本海上空へ到達し，酸性雪として降雪したことが記録されている。

酸性雨は気流に乗り，広い範囲にわたって影響を及ぼすため「国境を越えた大気汚染」とよばれることがある。本格的な対策は1980年前後から始まり，国際連合では1979年に「長距離越境大気汚染に関する国際協定」にヨーロッパの大半の国が批准し，アメリカでも同年，当時のカーター大統領(James Earl Carter, 1924-)がアメリカにおける環境問題の最重要課題に酸性雨を取り上げた。欧米では硫黄，窒素化合物の3割削減や自動車の排気ガス規制が進められた。脱硫，脱硝技術の向上も望まれている。

フロンガスとオゾン層の破壊

1974年，米国カリフォルニア大学のローランド(Sherwood Rowland, 1927-)は，モリーナ(Mario molina, 1943-)とイギリスのNature誌に「環境中のフルオロクロルメタン類」と題する記事を載せた。このフルオロクロルメタンが通称フロンガスである。冷蔵庫の冷媒として1920年代末にアメリカで開発されていた。無色透明で安定性があり，不燃性で毒性も低いため，精密機械やコンピュータの集積回路(IC)の洗浄(全体の47%)，冷蔵庫の冷媒(24%)，スプレーなどのエアゾル(9%)などに用いられ，世界中で年間2,000万トン以上が生産されていた。

また，地球を取り巻く大気は今から約35億年前から形成され始められ，地表面からの高さにより，次のような名称が付けられている。

～12 km：対流圏

～50 km：成層圏

〜80 km：中間圏

〜800 km：熱圏

800 km以上は外圏とよばれ，地球の引力の圏内から外れる。さて，フロンガスは大気に放出されると，対流圏を超え上空約18 km以上の成層圏までも分解されることなく上昇していく。ここにはオゾン層が地球を覆っている。濃度が高いのは上空約25 km あたりである。オゾンは1830年からその存在が知られ，1880年代には太陽からの波長が短い紫外線を吸収することが気づかれていた。地球に生物が生息できるようにしてくれている大きな要因といっても過言でないオゾン層が，破壊されているというのである。紫外線により上空に上ったフロンガスが分解され，塩素分子が生じる。この塩素分子が，触媒として作用し成層圏の中に存在するオゾン層を連続的に破壊する。

すなわち，$O_3 + Cl \longrightarrow ClO + O_2$, $ClO + O \longrightarrow Cl + O_2$　にまとめられる。

この反応で一つの塩素分子がオゾン一万個を破壊するといわれる。そのため本来，紫外線を吸収するオゾン層の紫外線吸収能力が減少をし，地表面に到達する紫外線が増加する。この紫外線の影響で人体にとっては皮膚がんや白内障などが増加し，植物でも紫外線に対する感受性が高い，イネやダイズ，エンドウなどに影響を与え，ひいては生態系にも悪影響を与える可能性が指摘されたのである。

1982年には日本とイギリスの研究者らが南極大陸上空でのオゾン濃度の測定したところ，実際にこの濃度が異常に低くなっていることを観測した。1987年にはアメリカ航空宇宙局が中心となって国際的なチームで南極のオゾンが破壊されている様子を調べた。オゾンホールとよばれるオゾン層の穴がみつかった(図V－8)。

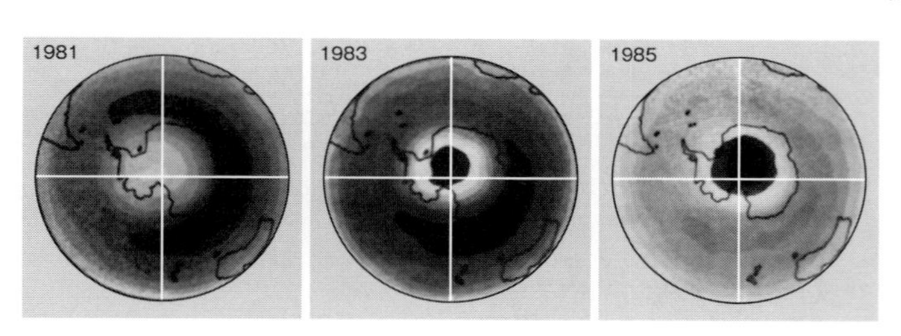

図V－8　オゾンホールの拡大

こうして1985年には国際的な対策として「オゾン層保護のためのウィーン条約」が，1987年には国際的なフロンガスの規制として特定のフロンを20世紀中に全廃する内容を含んだカナダのモントリオールで「議定書」が採択された。1989年から1998年の間にフロンの消費量を1986年段階の50％以下にまで減少させようとするものである。日本では，1988年5月に「特定物質の規制などによるオゾン層の保護に関する法律」(オゾン層保護法)が制定されている。

（3） 地球の温暖化と環境政策

とくに産業革命以降の人間の活動に伴う化石燃料の急激な消費や森林伐採によって，大気中の二酸化炭素（CO_2）濃度が急速に高まってきている。産業革命以前の「自然な値」は280 ppmであったと推定されるが，それが1980年代後半には約350 ppmに，2030年には産業革命期の2倍に当たる550 ppmを超えることが見込まれるのである（図V－9）。別の計算では，産業革命期のCO_2の放出量は年間約4億トン，それが20世紀末ではその15倍の約60億トンというものある。

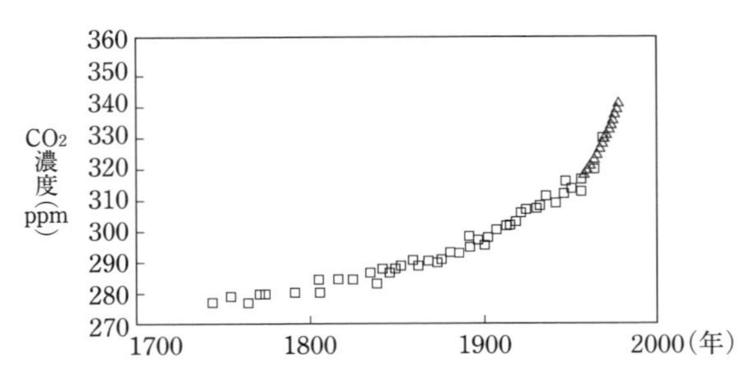

図V－9　CO_2濃度の変化

日本は，自国で生産される化石燃料が少ないが，その消費については世界有数である。化石燃料の燃焼は二酸化炭素の排出と関係する。20世紀末において，世界全体の二酸化炭素の排出量はアメリカ（21.8％），ロシア（15.8％），中国（11.2％），日本（4.8％）と世界第4位である。

この二酸化炭素はメタンや亜酸化窒素（N_2O），フロンなどとともに「温室効果ガス」であることが知られている（図V－10）。その効果は二酸化炭素49％，メタン18％，フロン14％，亜酸化窒素6％，その他の水蒸気13％などと計算されるが，二酸化炭素は最大60から70％の寄与があるという推定もある。

温室効果の仕組みだが，地球は太陽からの日射を受けるが，大気中にはこの日射を吸収する物質がほとんど存在しないので，大半は地表面に到達し地表面を温める。温められた地表面は大気中に向かって赤外線を放出する。大気中にはこの赤外

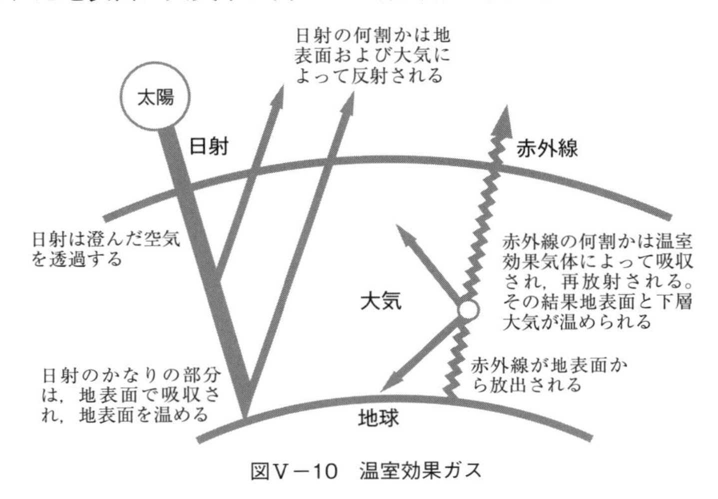

図V－10　温室効果ガス

線を吸収する物質があるため，それと作用してまた地表面に赤外線が放射される。結局，地表面が日射だけによる加熱以上の温度に温められてしまうのである。これが「温室効果」とよばれるものである。

地上の気温は，過去100年の間に0.3から0.6℃上昇していることが知られている。このまま温室効果への対応を怠れば，2025年までに約1℃，2100年までに約3℃温度が上昇すると見込まれる。こうなると，海水が膨張したり，アルプスやアラスカの氷河，南極やグリーンランドの氷床が溶け出し，地球全体に海面水位が2030年までに約20 cm，2100年までには約65 cm上昇すると考えられる。1メートルを超える上昇があるかもしれないという悲観的な見方もある。こうなるとウォーターフロント地区での被害は計り知れないものがあり，サンゴ礁の島々はそのまま，場合によっては国ごと水没してしまう可能性も指摘されている。日本でも，海面水位が約65 cm上昇すると砂浜の約8割が失われるという推定もある。被害者は世界中で7,500万人から2億人にのぼるとみられている。

そのため1988年には，国連環境計画と世界気象機関の共催で「気候変動に関する政府間パネル（IPCC）」が設けられ，地球の温暖化に関する調査が進められるようになった。そして，翌年にはオランダで「大気汚染と気候変動に関する環境大臣会議」が開催された。1992年4月には国際連合に設けられていた「気候変動枠組条約交渉会議」における条約採択が行われた。そして，同年翌月，ブラジルのリオデジャネイロで「地球サミット」が開催され150か国以上の署名がなされた。これによれば，先進諸国により大きな責任があることの明確化，開発途上国等への配慮，予防的対策の実施，将来世代のためにも持続的開発を推進する権利や責務，温暖化対策を国際貿易の制限としない国際経済システムの推進や協力などが述べられている。

日本では，1990年10月に「地球温暖化防止行動計画」が策定された。ここでは二酸化炭素について

① 一人当たりの排出量を2000年以降おおむね1990年レベルでの安定化を図る。
② 革新的技術開発等の大幅な進展により排出総量も同様である。

ことを目標に掲げた。

さらに，1997年12月，世界中の約160か国，1万人が参加して京都で開催された国際連合の「気候変動枠組条約第3回締約国会議」（地球温暖化防止京都会議）では，それまでに温室効果を及ぼす物質の削減に対する法的拘束力がなかったものを改訂し，削減目標を具体的に盛り込んだ「京都議定書」を採択した。その骨子を以下に示した。

- 温室効果を及ぼす物質（温室効果ガス）の対象は，二酸化炭素，メタン，一酸化二窒素，ハイドロフルオロカーボンとパーフルオロカーボンの2種のフロンガス，六フッ化硫黄の6種類である。
- こうした温室効果ガスを先進国全体で2008年から2012年までに1990年と比べて約5%削減する。
- 削減率は，欧州連合（EU）8%，アメリカ7%，日本6%とする。

● 森林などによる温室効果ガスの吸収量は排出量から差し引くことができる。
● 排出量が目標期間中に割当量よりも下回った場合は，時期以降の目標割当量に含めることができる。
● 欧州連合など複数国による共同達成を認める。

こうした内容だが，21世紀初頭でも条約の批准までには至っていないのである。二酸化炭素を初めとする温室効果ガスの排出を抑制するためには，国全体の総排出量の約40%を占める産業部門での対策，なかでも化石燃料を用いる発電への新たな技術開発が求められている。石油よりは液化天然ガスの方が二酸化炭素の排出量は少ないが，さらに，太陽光，風力，地熱，波動などの利用が望まれる。

V－2　自然の保護と利用

（1）アホウドリの復活

東京都に属する伊豆諸島の鳥島は無人島である。この島と尖閣諸島の2か所だけが繁殖地である希少生物がいる。特別天然記念物のアホウドリ（別名 オキノタユウ，学名 *Phoebastria albatrus*（PALLAS, 1769），英名 short-tailed Albatross）である。アホウドリの多くは鳥島で繁殖している。10月ごろ鳥島に飛来し営巣し産卵の後，翌年4月ごろ島を離れる（図V－11）。

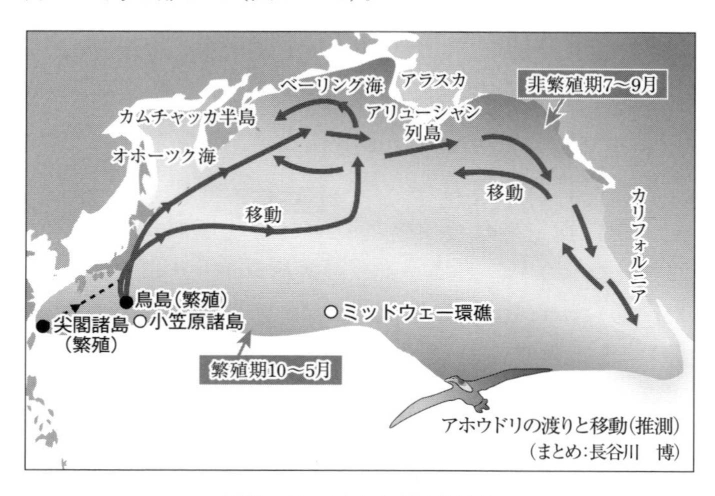

図V－11　アホウドリの渡り

アホウドリは全長92 cm，全幅2.4 m の大型の海鳥で体重は約7 kg にもなる。成鳥のくちばしは，濃い桃色あるいは淡紅色で先端部は淡青白色である。くちばしの桃色は血液が透けて見えるためで人間の爪の色と同じである。グライダーのように細く（翼の幅は約17 cm）長い翼を持ち，海上を吹く風に乗ってほとんど羽ばたかずに滑るように飛翔する。歴史的には，1841年，土佐出身の中浜万次郎（ジョン万次郎：1828-1898）らが鳥島に漂着した際に，143日間の無人島生活を送りアメリカの捕鯨船に救助されるまで，アホウドリを食べて生き延びたと記録がある。それ以降，明治～昭和期にかけて鳥島に移住する人々が現れ，アホウドリの良質な羽毛を目的に乱獲が始まった。当初，鳥島には100万羽以上も生息したといわれている。

事実，当時の鳥島の羽毛採取の写真には足の踏み場もないほどのアホウドリがいたるところにいて，人間を恐れる様子も見受けられないほどであった。人間を恐れないため，あっという間に捕獲，撲殺されてしまうことから，アホウドリという名が付いたという。

アホウドリは良質の羽毛だけのために，人間(鳥島の場合は日本人)によって世界中で乱獲された。小笠原諸島の鳥島以外の父島，聟島など他の島のアホウドリは全て乱獲によりいなくなった。そして，1949年「絶滅宣言」が出された。実は，絶滅が危惧された数年前に鳥島のアホウドリ捕獲禁止令が出ることがわかり，駆け込みでアホウドリを採取したことが絶滅に拍車をかけたといわれている。行政が捕獲禁止を前倒しで出していれば，絶滅の淵まで行かずに回避できたかも知れない。何十万羽といたアホウドリはこうして地球上から姿を消した……かのように思えた。

ところが，1951年1月6日，中央気象台鳥島観測所の山本正司により，10羽のアホウドリが再発見された。そしてこの頃，後にアホウドリの復活を成し遂げる鳥類研究者，長谷川博(図V－12)が1948年，静岡県に生まれた。運命(セレンディピティー)があるとすれば，長谷川は間違いなくアホウドリの復活のために生まれてきたのかもしれない。自然保護と野生生物の研究成果が実を結ぶことは努力のわりにはなかなか困難である。アホウドリはそのような中での成功例といえる。

図V－12　鳥類研究者
長谷川　博

アホウドリの再発見から7年後の1958年，アホウドリは国際保護鳥に指定された。さらに，1962年には国の天然記念物に指定された。翌1963年には尖閣諸島の調査によりアホウドリは1羽も観察されなくなり，鳥島が唯一のアホウドリの繁殖地として天然保護区域に指定された。それから10年後の1973年にイギリスの海鳥生態学者ティッケル(W. L. N. Tickell)による調査で鳥島には，成鳥25羽，ひな鳥24羽が確認された。再発見から20年でわずか40羽しか増えていないことになる。ティッケルは，当時，日本の研究者に鳥島の調査の協力を依頼したが断られていた。仕方なく，彼はイギリス海軍に協力を依頼して一人で鳥島の調査を行った。ティッケルは鳥島での調査を終えた後，生態学や動物行動学の研究で知られる京都大学を訪れセミナーを行った。当時，そこの大学院生だった長谷川は彼の行動力に刺激を受け，日本の鳥であるアホウドリの保護は日本人の責任で保護，回復しなければならないと行動に移すことになる。

1976年から開始された長谷川の保護研究は，彼が東邦大学の助手に就任したことで軌道にのった。長谷川は，毎年アホウドリの産卵数と巣立ちの数を数えるために，一人で鳥島の調査を繰り返した。東邦大学は彼の鳥島調査の期間だけは，彼を学内校務から外し，保護研究をサポートした。その後，実に35年にも及ぶ調査によりアホウドリの生態と鳥島における様々な危険からの回避が彼を中心に進んでいった。

長谷川は鳥島における現状報告を環境庁(当時)と東京都に働きかけ，国も都も鳥島におけるアホウドリの保護のために乗り出すことになる。繁殖地である燕崎の土砂崩壊の恐れのある箇所に砂防工事を行い，一時的には危険を回避できたが，火山の噴火の危険性もあり，繁殖地の移設を行わない限り，砂防工事だけでは回避できない問題もあった。そこで，長谷川の発案で「デコイ作戦」が計画された。デコイとは模型の鳥のことで，安全な繁殖予定地にデコイを設置し，おびき寄せ，安全な場所に巣を作らせる方法である。1970年代にアメリカの鳥類学者クレス(Stephen W. Kress)により考案された。

長谷川らが行った「デコイ作戦」は，比較的平坦な初寝崎にデコイ(模型)を70体設置し，テープでアホウドリの鳴き声を流し，仲間がいると見間違えて安全な場所であると信じさせるおとり作戦である。この方法は成功し，デコイに誘われた若い鳥たちが初寝崎に巣を作り繁殖地は拡大した。燕崎のコロニーは，これまで毎年営巣してきた従来のカップル(古いアホウドリのカップル)が相変わらず巣を作り，島の北西斜面の初寝崎(新コロニー)に新たに巣を作ったのは，新しくペアとなった若鳥が新コロニーに飛来するようになった。本来，アホウドリは一度ペアを作った夫婦は同じ場所で巣作りを行う。

図Ｖ－13　アホウドリのペア

したがって，新しい営巣地への誘導は，新婚ペアが生まれてはじめて増え始めることになる。デコイ作戦の成功は着実に若い世代が増加していることを示しているのである。1976年から開始された長谷川の保護研究は，当初，１人で始めた調査から次第に，東京都や国へ保護活動の広がりをもちはじめた。これは長谷川の広報活動の賜物といえる。ラジオやテレビ，新聞などあらゆるメディアに出演し，啓発活動を行った。自然保護活動は決して単独で成功するものではない。多くの人々の理解と協力，そして何より国や地方行政の力も必要である。環境問題は時に，国や行政と対立を招くケースもあるが，環境の回復や維持には，むしろ，国や県の行政から市民まで，社会全体のコンセンサスを得ることが大事である。環境問題を理解し環境破壊を止める自然環境の再生をはかるには，我々１人１人の意識を変えることが，地球環境の回復と保護に繋がるのである。

2008年からは新たな取り組みが山階鳥類研究所などにより始まった。それは，噴火の恐れのある鳥島だけが営巣地ではいずれ大きな噴火が発生した場合，デコイ作戦による移住計画だけでは，アホウドリの危機を回避できないと考えたことからである。火山のない平坦な無人島として，小笠原諸島の聟島が選ばれた。聟島は鳥島から350 kmの距離にあり，デコイによるおびき寄せではアホウドリを移住させることができない。そこで，鳥島のヒナを毎年10羽程度，ヘリコプターで運び，人の手により餌を与えて育てる人工飼育を行い巣立たせる計画である。この計画は5年かけて行われ現在は終了している。聟島を巣立ったアホウドリが聟島に帰ってくるとやがて聟島を巣立ったつがいのアホウドリによる第2世代が誕生したら，鳥島，尖閣諸島に続いて，第3の営巣地となり，火山による噴火の恐れのない島が新たなアホウドリの楽園となる日もちかいかもしれない。

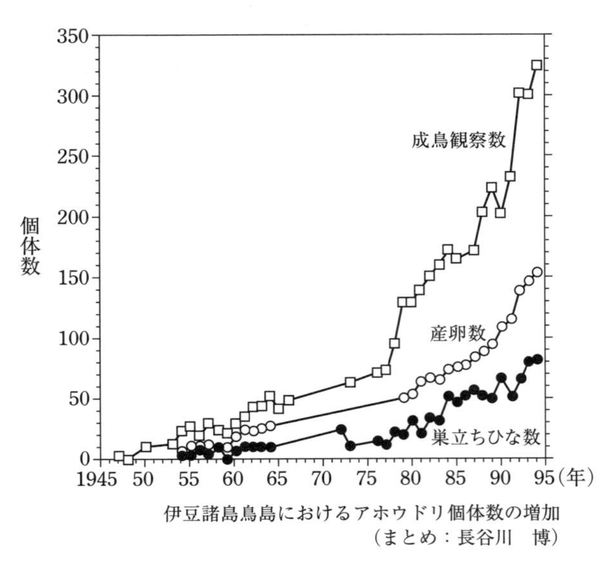

図Ⅴ－14　アホウドリ個体数の増加

2014年現在，アホウドリの推定総数は，3,540羽(ヒナは，400羽が巣立った)に到達した。

1人の研究者が絶滅しかけた生物種を地球から消滅する危機から回避させた貴重な例である。この成果は単にアホウドリが絶滅から救われただけでなく，地球環境を守る努力と協力を惜しまなければ回復できることを示した意義はさらに大きい。「1,000羽を超えれば，絶滅の危機を脱したといえる」と長谷川は以前答えている。その数はすでに到達している。しかし，環境破壊や自然災害などを考えるとアホウドリの絶滅を心配しなくてよい数に達するにはもう少し見守らなければならないようだ。

自然をつくることは人間にはできない。だからこそ自然を破壊してはならないし，できる限り破壊した環境をこれ以上，破壊しないための努力と意識が必要である。

「鳥類保護の偉大な成功物語の一つ(One of the great success stories of bird conservation)」とは，ティッケルの言葉である。かつて，「アホウドリは日本の鳥だから日本人の手によって保護研究し救うべきだ」といったティッケルの言葉に従い懸命に研究調査してきた長谷川への最大の賛辞であろう。

長谷川はアホウドリの名を「オキノタユウ」へ改名しようとよびかけている。我々人間は，これまで利便さと欲の赴くままに環境を破壊し，野生生物の絶滅危惧種を知らぬ間に大量に作り出してきた。環境破壊は，近年，温室効果や異常気象の原因の一つであると認識されてきたが，自然環境のバランスを崩壊した結果，人間の生活を脅かす気象の異常や野生生物の生態のバランスを崩壊し，さまざまな環境問題を作り出した。これらの問題は我々に人類の未来のために自らの生活環境である地球全体の環境の維持と回復が如何に大事な問題であるかを考え，自然との共存共栄の道に方向転換することは，決して今からでも遅くはないのである。現在，アホウドリは絶滅危惧種II種に指定されている。

（2） クニマスの再発見

クニマス；学名(*Oncorhynchus nerka kawamurae*)は，サケ科の淡水魚で，秋田県の田沢湖のみに生息していた固有種であった。しかし，国策により，田沢湖に玉川の酸性水を放流し田沢湖の環境が変化したことで，1940年に田沢湖に生息していたクニマスは全て絶滅した。ところが2010年，絶滅したと思われていたクニマスが再発見された。絶滅を免れたクニマスは田沢湖ではなく，富士五湖の一つ西湖から見つかった。なぜ，東北の湖にしか生息していないはずのクニマスが西湖から発見されたのか？

クニマス発見の謎解きの前に，そもそも今から70年以上前にクニマスが絶滅に追い込まれた経緯を説明しておこう。当時，電力不足の理由から秋田県では田沢湖に玉川の水流を注ぎ，水力発電所の建設とダムを建設し，農業用水も合わせて確保する目的で，玉川の水を田沢湖に引き込む計画が持ち上がった。しかし，玉川は酸性の強い水質のため，田沢湖に玉川の水を入れると田沢湖の水質を汚し酸性の水質へと田沢湖の環境を破壊することは当時でも理解されていた。それにも関わらず，玉川の水を田沢湖に引き込んだ理由は，電力の生産を重んじた国策であった。玉川の強酸性の水は田沢湖の水質をpH4程度に変化させ，田沢湖に生息していたクニマスは，他の多くの魚とともに田沢湖から絶滅した。玉川の水は今も田沢湖に流れ込んでおり，生物を死滅させる玉川の水は「玉川の毒水」とまでよばれた。

現在では田沢湖に入れる前に薬品により中和してから放流しているが，それでも田沢湖の水質が以前のようなクニマスが生息可能な状態に回復するまでにはほど遠いといわれている。このような歴史的経緯により絶滅したクニマスがどうして，富士五湖の一つである西湖で発見されたのか，には理由があった。

田沢湖ではクニマスは以前より，貴重なタンパク源としてクニマス(国鱒と書く)を養殖していた。田沢湖の漁業協同組合は，田沢湖のクニマスが絶滅したとしても，どこかで生き延びて欲しいという思いで，全国の湖にある漁業協同組合に協力を求め，資料として残っている限り，少なくとも4つの湖に10万粒の卵を放流した。その4つの湖とは，北海道の支笏湖と滋賀の琵琶湖，そして山梨の富士五湖の本栖湖と西湖であった。その後，1995年から1998年の間に，懸賞金500万円まで掛けて探したが，クニマスの特徴を持つ魚は発見されることはなく，クニマスは絶滅したと結論づけられた。クニマスは絶滅種(EX)として長年レッドリストに記載されてきた。

ところが2010年，意外なことからクニマスが再び話題となることとなった。それは，魚好きのタレント，イラストレーターとしても有名な「さかなクン」(こと宮澤正之　1975-）東京海洋大学客員准教授がきっかけとなった。京都大学総合博物館の中坊轍次教授から依頼されたクニマスのイラストを描くために，見本としてヒメマスを漁協に頼んで送ってもらった。西湖の漁協から送られてきたヒメマスは色が黒っぽく，銀色の通常のヒメマスとは異なる特徴であることにさかなクンは気がついた。そこで魚類の分類が専門の中坊教授に相談することになる。中坊教授は絶滅したクニマスが生き残っている可能性は低いと考えていたが，西湖の漁協の協力で再度採取してもらうことになる。西湖の漁師は，さかなクンに送った魚は，「クロマス」とよび，西湖のヒメマスの雌（めす）が産卵期に生じる婚姻色で黒くなると信じていた。クロマスは味も通常のヒメマスに比べ美味しくないことから，釣られてもそれほど喜ばれなかった。

中坊教授とさかなクンの依頼により西湖でクロマスが採取されると，中坊教授はその標本を京都大学に持ち帰り解剖実験により形態的特徴を，ヒメマスの特徴と比較した。現存する標本のクニマスは，ホルマリン漬けされた標本しか残っていないため，DNAはすでに壊れており，DNAの塩基配列で判断することはできなかった。そこで，標本から判明している，クニマスの形態的特徴と比較することになった。クニマスの形態的特徴は，目や鼻孔などが大きく，幽門垂（ゆうもんすい）の数は46～59枚ありヒメマスの67～94枚に比べて少ない。また，鰓（えら）のくし状の鰓耙（さいは）31～43枚のクニマスに対して，ヒメマスは27～40枚と微妙な違いがある。

西湖のクロマス，9個体の幽門垂と鰓耙の数を計数した中坊教授は，クロマスの形態的特徴は西湖のヒメマスの特徴とは異なることを確認した。さらに，クロマスの特徴はクニマスの特徴に一致することが判明した。これらの結果から西湖に生息するクロマスはクニマスであることを断言するに至った。クニマスは生きていたのである。

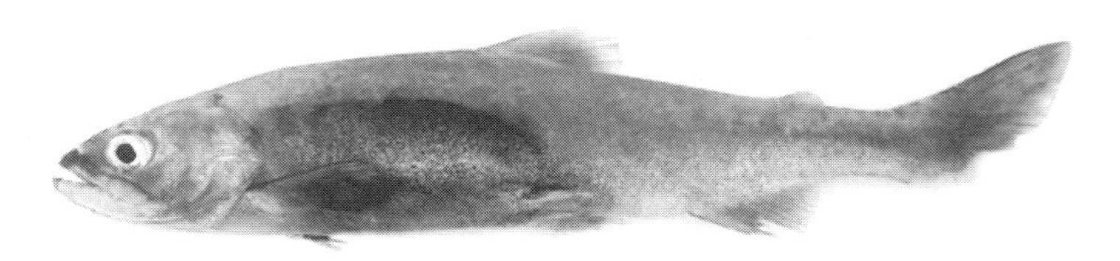

図Ⅴ－15　クロマスとよばれていた，西湖で発見された「クニマス」

絶滅したと思われていたクニマスはどのような理由で絶滅を回避したのか。この問題について，中坊教授は次のように考えている。

クニマスが田沢湖の環境破壊により絶滅する前に，西湖の漁協の協力により田沢湖の漁協から10万粒の卵が放流されたとき，他の湖に比べて西湖だけでクニマスが生き残れた理由は，西湖には富士山からの湧き水が入り込む場所があり，湖底に4℃の水温が西湖の環境に存在したことで，クニマスが西湖で（生き残れた）生息する最大要因となった。田沢湖は水深400m以上あり西湖は70m程度といわれている。湖の環境が異なるにも関わらず，西湖でクニマスが生息できたのは「産卵に必要な水温が4℃であることが重要な条件であり，富士山からのわき水が西湖では，この温度を保つ環境の要因としてあったことが大きい」と中坊教授は述べている。

田沢湖にクニマスを里帰りさせる計画も持ち上がっており，田沢湖の環境改善が望まれる。

（3） 生物多様性条約

生態学の誕生と展開

「生態学(ecology英，Okologie独)」という語は，1866年にダーウィンの進化論をドイツで普及させた人物として知られるヘッケル(Ernst Heinrich Haeckel, 1834-1919)が，生物学諸領域の分類をした際，動物と外界との関係を扱う生理学の一分野として名付けたものであった。家事・家政の科学を意味するギリシャ語を語源とする。しかし，生態学の源流は，古代ローマ時代のプリニウスの『博物誌』(全37巻)以降の自然史研究やドイツのフンボルト(Alexander von Humboldt, 1769-1859)が1805年に著した『植物地理学(Essai sur la georaphie des plantes)』に端を発する生物地理学，各種の旅行記の中にみられる記述などいくつか論じられている。また，ダーウィンの『種の起源』(1859)における第三章　生存競争や，第四章　自然選択，第十一，十二章　地理的分布などには，「自然の経済(nature of economy)」の語とともに生物集団間や生物と無機的環境との関係を説明した部分に，のちに生態学で論じられる基本的な考えが述べられていた。

この生態学は，20世紀の変わり目頃から本格的にその姿を現わすようになる。その端緒は，デンマークの植物生態学者ワルミング(Johannes Eugenius Bulow Warming, 1841-1924)が1895年に著した『植物群落』であった。彼は生物の生活様式を示す生活形の概念を栄養や水分を考慮して明確化した。さらに，一般的に植物群落が時間経過に従って移り変わっていく「群落遷移」を最初期に論じた人物でもあった。この群落遷移は，アメリカのミシガン湖畔でカウルズ(Henry Chandler Cowles, 1869-1939)により実証的に検討され(1899)，ミネソタ大学の植物生態学者クレメンツ(Frederic Edward Clements, 1874-1945)の『植物遷移(Plant Succession)』(1916)で体系化された。彼は植物群落が「極相」に向かって変化していくという「遷移説」を提唱した(図V－16)。

図V－16　遷　移　説

また，動物群集はアメリカの生態学会初代会長となったシェルフォード(Victor Ernest Shelford, 1877-1968)が，動物の生理的行動的反応から探究した(1913)。

1939年にはクレメンツとシェルフォードが共同で『生物生態学(Bio-ecology)』を著し，「生物群集」の概念を提唱した。これは，ある地域に生息し相互関係がある生物集団の単位のことである。大きな地域の生物群集は「バイオーム」とよんだ。

一方，イギリス，オックスフォード大学のエルトン(Charles Sutherland Elton, 1900-1991)が1927年に出版した『動物生態学(Animal Ecology)』は「現代生態学の出発点」とか，「生態学全体の一転機」などと評されている。動物群集を「食物連鎖」やダーウィンの自然の経済の考えにもみられた「生態学的位置」から解析していくことの重要性を論じている。彼は生物進化の「総合説」の提唱で知られるハックスレー(Julian Sorell Huxley, 1887-1975)に師事した人物であった。同じくイギリスの植物生態学者で1913年のイギリス生態学会の設立に中心的な役割を果たしたタンズリー(Arthur George Tansley, 1871-1955)は，1935年に「生態系」を提唱した。これは，バイオームに環境を加えた物理的な系であり，ある地域に生存する動植物全体と無機的環境をひとまとめにしたものである。

さらに，1920年代から30年代にかけて，同種個体の集団である個体群の生態学的研究も進展した。アメリカ，ジョンズ・ホプキンス大学の実験生態学者パール(Raymind Pearl, 1879-1940)は，1922年にリード(L. J. Reed)とともに人口増加の曲線(ロジスティック曲線)が，ショウジョウバエの飼育ビンの中でも見られることを確認し，個体群生態学の研究分野を開いた。また，オーストリアに生まれ，アメリカで活躍したロトカ(Alfred James Lotka, 1880-1949)は，1925年，イタリアの数学者ヴォルテラ(Vito Volterra, 1860-1940)と 被食者と捕食者の相互作用を示す数理モデルを1925年に提出した。これを当時のソ連の生態学者ガウゼ(G. F. Gause, 1910-)は，酵母(1932)やゾウリムシ(1934)を使った実験的研究からさらに進めた。「同じ生態学的地位を占める2種の生物は，同じ場所に共存できない」という「ガウゼの法則」に名を残している。彼が1934年に著した書名は『生存競争(The Struggle for Existence)』であった。

生物多様性条約

生物多様性を活用することなしに人の生活は成り立たない。生物多様性の劣化は人の生活への脅威そのものである。だからこそ，生物多様性の持続的利用が重視されるのである。生物多様性の課題として端的に理解できる問題の一つが絶滅危惧種の存在である。地球環境の変化や人の自然環境との関わり方の変化によって，ある種の生物の生命の連続性が途絶える危機こそが絶滅危惧種の問題である。生物多様性の重要さを現代社会が意識するようになったのは，生物多様性の存続に危機が迫った事実を認識するようになったからという現実がある。しかし，今からでも決して遅くはない，けれども，社会全体が生物多様性を直視することを避けるなら，人類に未来はないだろう。

生物が地球に誕生して35億年とも38億年ともいわれているが，最初の生命体はたった一つの型(原核生物の起源)であったと推定されている。しかし，生物の普遍的原理の一つである多様化(変異による多様化)という生き方を地球上に出現した時から現在にいたるまで自ら生命体が存続する術として止む事無く続けている。その結果，生物は地球上には絶滅種も含め，3,000万種ともいわれる多様な生き物へと様々な環境に適応しながら進化してきた。このように，地球上のすべての生物の間の変異性は，種の多様性，遺伝子の多様性，生態系の多様性の3つに整理できる。そして，生物多様性は，この3つのレベルの個々の理解と保全，国際的に生物資源の持続的利用を行う目的のために定義された。

第一に，種の多様性(種多様性)とは，35億年かけた生物進化の歴史を反映する階層性のある類縁関係を持ちながら種分化を重ね，多様化してきた全ての生物の姿である。現在認知されている180万種ともいわれる数字に対して推定現存種が数千万種と推測されるように，日々新しい種が発見されるとしても，まだまだ全体の把握にはほど遠い。原因はいろいろ考えられるが，これは哺乳類とか鳥類，維管束植物のように，研究が進んでいる生物に比べ，微生物，昆虫類，海産無脊椎動物，深海生物や微小な菌類，細菌類など研究の進んでいない生物群で，認知される割合が低いことが挙げられる。研究の速度の差は，研究者の割合と生物群の種数の違いが相まって全体像がつかめない生物が偏っていることに起因するともいえる。我々人間は，これまで比較的関わりの多い生物や，親しみやすい生物，存在を認識しやすい対象については積極的に研究してきた。

しかし，特殊な装置の開発なしには確認の難しい生物や物理的距離(未開地，極地，深海など)による調査の十分でない地域に生息する生物や調査に関わるアマチュアのフィールドワーカー(ナチュラリスト)も含めた人海戦術がとりにくい地域では，未確認，未認識の生物が分布している可能性が高いからである。種の多様性の第一段階が地球上に存在する生物種を知ることであり，第二段階が多様な種間の類縁関係を追究することで，種の多様性の実態の把握へと進む。類縁関係とは，多様な種が分化してきた過程であり，生物学では階層性のある分類群を設定し生物の体系を描き出そうとしている。系統分類学がこれに当たる。

もっとも，階層性といっても生物の進化は単純な二股分岐を繰り返してきただけではなく，細胞内共生のように，収斂的な進化もその中には深く関わっているため，実体は大変複雑な構成をもったものであることが少しずつ解ってきている。

第二には，遺伝子の多様性(遺伝的多様性)である。全ての生物は遺伝子にコードされる遺伝情報によりつくられたタンパク質により細胞の機能や役割が特定される。遺伝情報はDNAの4つの塩基(A, T, G, C)の配列から読み取られるメッセンジャーRNA (mRNA)が，3つの塩基配列を一組とするコドンにより特定のアミノ酸が指定される仕組みがある。つまり，DNAの塩基配列を写し取ったmRNAの塩基配列にコードされた，アミノ酸の配列がタンパク質の設計図となる。種の性質が特定される要因は，塩基配列のパターンが種によって異なるからであり，塩基配列の違いは異なるタンパク質を産生する。生物多様性の根幹はDNAの多様性に基づく遺伝子に多様性があることに基づいている。種多様性の基本は，種の違いによる遺伝子の多様性から生じる遺伝子産物の特異性が生まれることによる。

さらに遺伝子の多様性は同じ種に属する個体ごとにも遺伝子レベルではさらに変異が生じている。たとえば同じ両親から生まれたきょうだいのDNAは必ず同一とは限らない。それは父方の遺伝子には減数分裂の過程で遺伝子組み換えが起こり4つのパターが生じる，母方の遺伝子にも同様な組み換えが生じる。減数分裂で生じた卵と精子により受精卵が生じるが，決して同じ遺伝子の組み合わせが毎回できるわけではない。きょうだいで血液型が異なる場合や顔形が全く似ていない場合はこのような遺伝子の多様性の現れといえる。

第三は，生態系の多様性(生態的多様性)という概念である。地球上の全ての生物は，種によって異なる特徴や機能をもっているが，それぞれは個別に生息するわけではない。生物はあるときは共生し，また，あるときは競争的に繁殖しながら，個々の地域で様々な異なる環境と生物階層を構築している。このように，地球上のいたるところで，他の生物と直接的に，または間接的な関係性を持ち合っている。この関係は地球に生命が誕生して以来，絶え間なく続く環境の変化に対しても対応してきた。生物の繁殖により地球環境も大きく変化してきた。藍藻類や光合成を行う植物の出現により酸素が大気中に放出され，二酸化炭素の固定による大気に占める二酸化炭素の割合の低下は気温の低下をもたらした。したがって，地球温暖化問題はこれとは逆の方向に大気の割合が変化する問題としてとらえることができる。

藍藻類の大量繁殖は酸素の増加を導き，大気中の酸素は紫外線によりオゾンへと変化して地球はオゾン層に覆われることとなった。オゾン層は紫外線から生物を守りそれまで海洋のみであった生命圏が陸上へと拡大した。環境の大きな変化をもたらした生物圏の拡大は，その一方で，生命の繁栄に適した環境の維持が不可欠である，という側面も持っている。それこそが生態系とよばれる生命圏の姿である。そこには個々の生物種の多様性による繁殖の違いから個々の地域ごとに異なる環境が構築される。陸上植物の繁殖した地域では，保水性の保たれた土壌には微生物が好んで繁殖する環境が生まれ，微生物が分解した土壌成分はさらに陸上植物の繁栄を加速させる。

一方，乾燥した地域においては微生物の繁殖が妨げられ，気候条件にもよるが比較的降雨量の少ない地域では結果として砂漠化が進み限られた生物しか繁殖できない。生態系とは，このように細菌や微生物から動物，植物，菌類などで構築された連鎖的環境共有生命集団で構成されている。生態系には森林，河川，湿原，干潟，サンゴ礁，そして里山などのタイプがあり，多くの自然が一つの生態系を作っている。たとえば，イランのラムサールで作成された「ラムサール(Rāmsar)条約」は水鳥を食物連鎖の頂点とする湿地の生態系を守る目的で締結された国際条約(1975年発効，日本は1980年に加盟)である。また，絶滅のおそれのある野生動植物の種の国際取引に関する条約としてアメリカの首都ワシントンD. C.で締結された「ワシントン(Washington)条約」(1975年発効，日本は1980年に加盟)がある。これらの条約は，国際的に生態系の保全と種の原産地における既得権の保護を目的にしており，主に国際的保全を目的とした生物種の絶滅危惧種の保護と国際取引の制限をも受ける条約である。

しかし，近年，野生生物の種の絶滅が過去にない速度で進行し，その原因である生態系の破壊や野生生物の生息環境の悪化がより深刻化している。地域ごとには里山復活の取り組みや，サンゴ礁でのサンゴ種の移植の取り組みや干潟の再生の取り組みが大学や地方行政，市民団体などが協力して活動しているが，国際的にも包括的に生物資源の保全に向けて，国連等でも議論されるようになり，既存の条約を補完する新たな条約として生物多様性条約が誕生した。

1992年，リオデジャネイロで開催された国際環境開発会議（環境サミット）に於いて，「気候変動枠組条約」と「生物多様性条約（CBD: the Convention on Biological Diversity）」の2つの条約は採択された。日本は両条約とも積極的に参画し，先進国の中でも先導的にこれらを批准しその成立に寄与した。気候変動枠組条約については第三回の開催地として京都において，「京都議定書」策定の主役となった。しかし，超大国のアメリカは，いったん賛成したものの，後に脱退するという非協力的状態にある。また，生物多様性条約についても署名はしたものの批准していない。2010年現在，192か国および，EU（欧州連合）が加盟している。生物多様性条約は前文，本文42か条，末文および2つの付属書からなっている。以下，いくつかの箇所を掲げておく。

第1条 目的 この条約は生物の多様性の保全，その構成要素の持続可能な利用及び遺伝資源の利用から生ずる利益の公正かつ衡平な配分をこの条約の関係規定に従って実現することを目的とする。この目的は，特に，遺伝資源の取得の適当な機会の提供及び関連のある技術の適当な移転（これらの提供及び移転は，当該遺伝資源及び当該関連のある技術についてのすべての権利を考慮して行う）並びに適当な資金供与の方法により達成する。

と述べられている。

また，第8条には生息域内保全が述べられており，保護地域を設けるなどの措置をとることや，管理のための指針作成を行うことが記されている。第15条には，「遺伝資源について，自国の天然資源に対して主権的権利を有するもと認められ，当該遺伝資源が存する国の政府に属し，その国の国内法令に従う」とされている。生物の遺伝情報も資源であり，国の財産である。したがって，生息する国の法令により遺伝資源として守られる。ということである。たとえ研究のためといえども，研究開発の成果や商業的利用から生ずる利益は遺伝資源の提供国（自国の資源として有する国）と公正かつ衡平に分配するようにと記されている。

2010年10月，COP（Conference of the Parties）国際条約の締約国が集まる会議の10回目の会議が名古屋で開かれた（COP10）。第6回締約国会議において2010年までに生物多様性の損失速度を顕著に減少させる目標を掲げた。しかし，その目標は果たせなかったと結論された。

悲しいことに我々人間は，今現在も世界のいたるところで生態系を破壊したり，汚染したり，さまざまな生物種を絶滅へと導いている。我々の行動によって多くの動植物をはじめとする生物がかつてないスピードで失われているのである。生物多様性は日々，刻々と失われている。国際自然保護連合（IUCN: International Union for the Conservation of Nature and Natural Resources）の絶滅危惧基準によると哺乳類，鳥類，両生類の10～30％の種が絶滅の危惧にさらされている。特に，淡水の生態系に生息する種について，絶滅の危惧される種の割合が高い。

その一方で，本来生殖地ではない場所へ他から生物が侵入し繁殖する現象が生じている。このような生物種を「外来種」とよぶ。外来種の侵入や繁殖により，元来生息している生物種の生息や繁殖を脅かす問題が生じている。釣りの目的で持ち込まれたブラックバスは本来の生態系を破壊し，生物多様性の破壊をもたらしている。人間が勝手に異なる環境に異種生物を持ち込むことや放置することを規制し，多種多様な生物が本来生息できる環境を取り戻すために努めなければならない。

IUCNが絶滅危惧種の実態の把握に先進的な活動を行ないユネスコや「世界自然保護基金（WWF: World Wide Fund for Nature）」（1961年設立）と協力して，絶滅危惧種のリストを作成した。このリストは赤い表紙で刊行された」ことから，絶滅危惧種のリストをレッドリストと呼ぶようになった。日本では環境省が日本における「改訂・日本の絶滅のおそれのある野生生物－レッドデータブック－」を2000年から作成し，絶滅の危惧にある野生生物の現状を把握する目的で刊行している。

いずれにしても，生物多様性は日々破壊され減少している。我々人間のみならず，地球に生息する全ての生物はこの多様性の恩恵により繁栄してきたといえる。したがって，自ら多様性を破壊し続けることは自らの生活や生命を脅かす危険を増大させることにつながる。生物は自己以外（他の生物）から栄養をもらい，生活，生息の場も多様な資源（自然が生み出した環境）を用いて住居や住処を得ている。多様性がもたらす自然の中に野山や河川，沼，池，湖，湿地，海から多くの恵みを得ている。これらの多様な自然環境がもしもなくなったら，我々は当たり前にある現在の暮らしを失うことになるのである。絶滅危惧種は未来の我々の姿であり，決して特別な生物種に限った危機ではない。絶滅危惧種はその象徴であり，全ての生物と多様な生物種により生み出された多様な生態系を維持すること，そして，そこからもたらされる恩恵を持続させることが未来を保証する証となるのである。限られた

表Ⅴ－１　レッドリストカテゴリーとその定義

カテゴリー	定　義	例
絶滅（EX）	我が国では既に絶滅したと思われる種	ニホンオオカミ
野生絶滅（EW）	飼育・栽培でのみ存続している種	トキ
絶滅危惧種Ⅰ種（CR＋EN）	絶滅の危機に瀕している種	—
絶滅危惧種ⅠA種（CR）	ごく近い将来における絶滅の危険性が高い種	イリオモテヤマネコ ツシマヤマネコ
絶滅危惧種ⅠB種（EN）	ⅠA種程ではないが近い将来絶滅の危険性の高い種	アマミノクロウサギ イヌワシ
絶滅危惧種Ⅱ種（VU）	絶滅の危険性が増大している種	アホウドリ テングコウモリ
準絶滅危惧種（NT）	現時点では絶滅の危険性は小さいが生息条件の変化によっては絶滅危惧に移行する可能性のある種	オオタカ エゾオコジョ オオムラサキ
絶滅の恐れのある地域個体群（LP）	地域的に孤立している個体群で地域レベルでの絶滅の恐れの高いもの	四国産地のツキノワグマ

（環境省：レッドデータブックより）

資源と自然もただむさぼる野蛮な営みから脱却して自然と共生する国際的取り組みの象徴が生物多様性条約といえる。日本の絶滅・絶滅危惧種の例を(表V－1)に示した。

表V－2　CP01からCOP10までの開催国(都市)と開催年表

COP	開催年	国名(開催都市名)
1	1994	バハマ(ナッソー)
2	1995	インドネシア(ジャカルタ)
3	1996	アルゼンチン(ブエノスアイレス)
4	1998	スロバキア(プラチスラバ)
5	2000	ケニア(ナイロビ)
6	2002	オランダ(ハーグ)
7	2004	マレーシア(クアラルンプール)
8	2006	ブラジル(クリチバ)
9	2008	ドイツ(ボン)
10	2010	日本(名古屋)

V－3　地球から宇宙へ

(1)　地球の形の捉え方

古代文明が誕生した当初から人類は，神話的な世界観から大地(地球)の形に言及してきた。エジプト人たちは大地を水に浮かぶ大きな丸皿のように考え，波状になった大地の端に立つ4本の柱で空を支えると思っていた。バビロニア人も大地を大洋に浮く円盤と捉えた。

さて，地球の形について経験的な事実から言及したのはギリシャのアリストテレスであった。彼は2つの根拠を挙げている。一つは仮に大地が球形でないとしたら月食は現にみられるような欠け方をしないだろうということであり，もう一つは北方あるいは南方に移動すると頭上に見える星が大きく変化するということである。

このことは彼の『天文論』にみられる。もっとも，この証明は，地球が宇宙の中心であり，大地は静止しているという記述の直後に述べられているものである。古代ギリシャの崩壊後，アレキサンドリアへ科学の中心が移ったが，同地の図書館長エラトステネス(Eratosthenes, B. C. 275-195頃)は，『地球の測定』と題する書物を発表。このなかでシエネ(現在のアスワン)とアレキサンドリアの間を円弧とみなし，両地点の夏至の日の南中高度の違いを中心角の差として地球の大きさを概算し，今日の値に近い数値を得ている(図V－17)。強いて難点をいえば，2地点は同一子午線上にない距離であったり，高度の測定が不正確であった。しかし，測定の基本原理は今日でも利用できる優れたものであった。

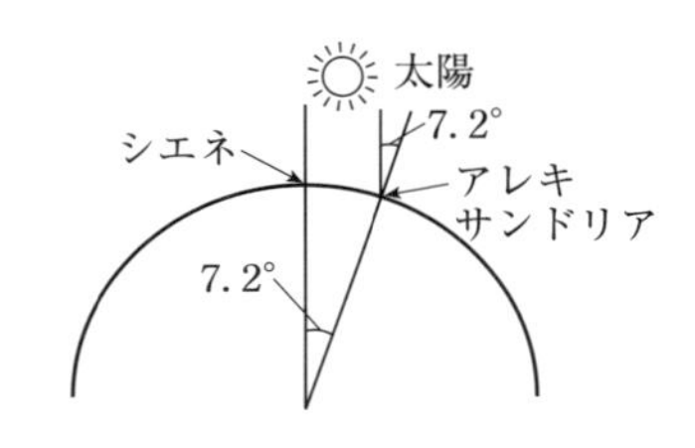

図V－17　地球の大きさを概算

さて，古代ギリシャ時代に唱えられた地球球体説は，それがそのまま社会に浸透したわけではなかった。中世ヨーロッパでは，キリスト教の普及と関連して，聖書の記述を信じ込んでいたため地球を球体とは捉えにくかったのである。多くの人々は，地球を平板のものだと考えていた。そして，航海を続けていくと，滝から水が流れ落ちるような果てがあり，奈落の底へ突き落とされると思われていた。

しかし，ルネサンスの時代に入ると，アラビアから天文学・地理学に関する古代以来の書物が伝えられたことや羅針盤の実用化，航海術・造船術の向上に伴い自由に航海できるようになったことなどから，地球球体説が復活してきた。ところで，地球が球形であれば，地球の裏側に対蹠(たいせき)地やそこ住む対蹠人を認めなければならなくなる。我々が住む地で太陽が沈んだ時，対蹠地では日が昇る。草木も下向きに生え，雨は下から舞い上がるだろう。このようなことは考えにくく，したがって，地球は球形ではない。重力の存在が知られていなかった中世ヨーロッパに見られた論法である。教父哲学者アウグスティヌス(Aurelius Augustinus, 354-430)の『神の国』の中にこのような記述が見られる。そして，15～16世紀の大航海時代には，地球が球形であるという考えの方がむしろ一般的になっていた。もっとも，地動説まで普及していたわけでなかったのであるが。

地球の形を確かめる最も確実な方法は，地球外から地球を観察することであろう。1957年11月に打ち上げが成功したスプートニク2号に載せられたライカ犬の目にはどのように地球の形が映ったであろうか。この哺乳動物が宇宙飛行を体験した第1号の生物であったのだが。これは当然，将来，人類が宇宙へ向かうための予備的実験であったと捉えられる。そうだとすれば，イヌよりヒトに近い霊長類の方がよさそうである。じつは，長時間に及ぶ訓練の際，イヌは霊長類よりもはるかに従順に耐えたのである。そして，このイヌは条件反射の研究で知られるパブロフ研究所で飼育されたものであった。

さて，地球の形の確認のダメ押しになったのは，人類として初めて実際に地球をながめたソ連の宇宙飛行士ガガーリン(Yuri Alekseyevich Gagarin, 1934-1968)であった。ボストーク2号に搭乗した彼の「地球は青かった」の言は今日まで伝えられている。

一方，古代ギリシャ・ローマ時代までの天文・宇宙に関する知見はアレキサンドリアで活躍したプトレマイオス(Claudios Ptolemaios, 紀元後2世紀)によって集大成された。彼はしばしば古代天文学を確立した人物とか，天動説の完成者といわれる。彼の生涯は不明な点が多いが，アレキサンドリアで127年頃から141年頃にかけて自ら天体観測を行ったことが伝えられている。

プトレマイオスの最大の業績は『アルマゲスト(Almagestum)』と題する全13巻の著作である。本書は，惑星の運動を数学的にモデル化することにあるため原題は「数学的集大成(Mathematike syntaxis)」であった。そのアイデアは，アレキサンドリア時代にロドス島に観測所を設け，天体観測を行い，過去の観察結果と比較して「歳差現象」(地球の自転軸が太陽や月の引力を受けるため，太陽の軌道に対して約66度傾きつつ首振り運動をしている現象)を発見したヒッパルコス(Hipparchos, B.

C. 190-125頃）に求められる。また，当時，水星，金星，火星，木星，土星の五惑星があることや，さらに，水星と金星は太陽から一定の角度以上，離れずに行動することも知られていた。

この『アルマゲスト』の構成は，第1・2巻：日常みられる天体観測の結果や，角と弦の関係を計算する数学的方法，天動説，第3巻：太陽の見かけの運動，第4巻：月の見かけの運動，第5巻：観測機器，第6巻：日食，月食の理論，第7・8巻：恒星表と歳差現象，第9から13巻：惑星の運動理論，である。

注意したいのは，天動説が破綻して地動説が登場したということではないということである。天動説と地動説を考えると，天動説とは地球が宇宙の中心で，天体が地球を中心に動いている。地動説とは，太陽を中心に地球を含む天体が動いていく，すなわち，太陽中心説になる。これらが混在していて，それが整理されながら地動説に集約されていったということである。

そのため，『アルマゲスト』でプトレマイオスは地動説批判し，天動説を展開しているのである。彼の理解では地動説とは「天空が静止し，地球がほぼ一日で西から東にその軸のまわりに回転する」ことである。「（地球が西から東へ回転しているとすれば）地球上に支えられない物体は，常に地球と反対の運動をするようにみえるであろう。そして，雲，投げられた物体，飛ぶ動物は東へ行くことはないだろう」。要するに地球が動いていれば，われわれはつねに東風に出会うはずだし，物体を真上に投げれば元の位置に戻ってこないはずということである。ところが，実際にはそのようなことは体験されない。したがって，地動説を採用するのは困難だというわけである。

このようなギリシャ以来の伝統的な宇宙観に批判の眼が向けられるようになったが，その決定打を放ったのがポーランド出身のコペルニクス（Nicolaus Copernicus, 1473-1543）であった。主客転倒の比喩として使われる「コペルニクス的転回」のコペルニクスである。彼の主著『天球の回転について』（1543）は，地動説の幕開けの記念碑的な著作となった。

（2） 月と地球

地球は太陽系第3番惑星である。太陽のような「恒星」の周りを回る星を「惑星」とよび，太陽系には地球を含めて8つの惑星がある。子どもの頃に，水金地火木土天海冥（すいきんちかもくどってんかいめい）と呪文のように覚えた人も少なくない。しかし，これが変更されてしまった。2006年8月24日チェコの首都プラハにおいて，国際天文学連合（IAU）が開かれた。その総会において，惑星の定義について議論の末に，これまで太陽系の惑星とされてきた冥王星（めいおうせい）を準惑星に格下げにすることが決まった。他の惑星が太陽の周りを同心円状に周回しているのに対して，冥王星は楕円軌道であり，星としての大きさも準惑星のエリスよりも小さいことが判明した。これは，天文学における新しい観測結果や研究により常識も新しく書き換えられる一例である。これからは，「水金地火木土天海―すいきんちかもくどってんかい」と覚える必要がありそうである（図V－18）。

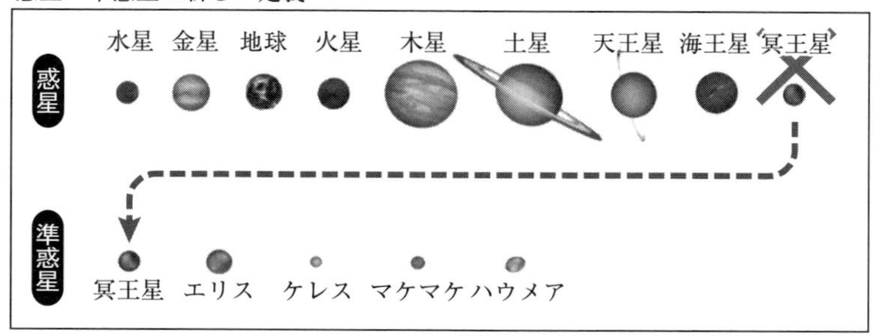

図V－18　新しい定義による太陽系の惑星

惑星の周りを周回する星を「衛星」とよぶ。月は地球の衛星である。月には表と裏がある。我々が日頃，夜空に浮かぶお月さまを眺めているが，その月はいつ見ても同じ側(表)なのである。月の裏側は月の裏側に回り込まないと見えないのである。2007年に打ち上げられた日本の「宇宙航空研究開発機構(JAXA)」の月周回人工衛星「かぐや」(Selene)によって鮮明な月の裏側も含めた天体写真が撮られたことで，月の裏側と表では大きな違いがあることも解ってきた。月の大きさは地球の4分の1で質量は約80分の1である。月と地球の距離は平均38万キロメートルで年々その距離は離れている。地球以外の惑星は複数の衛星を持っているが地球の唯一の衛星が月であり，地球の大きさの割には，極めて大きな衛星であることは月の誕生の謎にも関わる問題なのである。

月にまつわる謎と月の役割について考えてみよう。月の裏側の話に戻ると，夜空を見上げて，どんなに月を見続けても月の裏側を見ることはできない。それは月が常に地球に対して一定の側面(表側)を向けて公転しているからである。さらに月の自転の周期と公転の周期が同じ27.32日であることも不思議な巡り合わせである。月と地球は，この双子星のような回転をしながら太陽の周りを回っているのである。

月の表と裏では地殻の厚みも異なり，月の重心はやや地球に近い方に偏っている。月の裏側は，表(地球から見える側)に比べて，多くのクレータが確認されている。地球に衝突しそうな隕石が，地球の前に立ちはだかる月の裏面に衝突した痕跡と考えると，月は地球を隕石の衝突から守ってくれているといえる。

ところで，月の石の成分は地球の成分と同じであるということが月から持ち帰った石を分析した結果から判明している。これらの事実を踏まえた上で，月の成り立ちを考えてみよう。

月の誕生の可能性には，次の4つが考えられている。

1つ目は，「共生長説」で，月と地球は同じ場所で同じ時期に成長してできたという。この説では月と地球が同じ成分でできていることは一致するが月の重心が偏っていること，地殻の厚みの差がなぜ生じているかは，説明できない。

2つ目は「捕獲説」で，月は他の場所ででき地球に捕獲されたという説である。しかし，月の成分が地球と同じことから，この説も説得力に欠ける。

3つ目は「分裂説」で，地球の自転の勢いによって地球から月が分裂したという。

この説も月の重心がずれていることや月と地球の大きさから可能性は低い。

4つ目が，月誕生の最も有力な「ジャイアントインパクト説」である。

これは，原始地球において，現在の火星サイズの天体が衝突した後，地球の周りにできた物質の塵が回転しながら衝突を繰り返し，次第に成長して最終的には現在の月のサイズまで巨大化したのではないか，という説である。この考えに従って物質の衝突と結合をコンピュータシミュレーションにより解析したところ，面白いことに天体の衝突から月の原型ができるまでの日数はほぼひと月（1か月）であった（図V－19）。

図V－19　月の誕生に関する4つの説

月の果たす役割は，先にも述べたように，地球を守っていること以外にも，地球に及ぼす影響は極めて大きく，日常生活にも関係する自然現象に月は関わっている。たとえば，釣り好きの人にはおなじみの潮汐（ちょうせき）のもとは月の力である。潮の干満は，月の引力が関係していて，月の引力と遠心力によりもたらされる。潮と汐はどちらもシオと発音する。朝のシオを潮，夕方のシオを汐と表すように，一日の中で潮の干潮，満潮がそれぞれ2回あることを表している。これは地球と月の公転と引力と遠心力の関係を合わせて考えなければならない。

月の引力と地球の遠心力の総和が最も大きくなる時（月と地球と太陽の位置が一直線状に並ぶ時），が大潮となる。逆に，月と地球の列が地球と太陽の列と90度傾いている時は，月の引力と遠心力は90度ずれていることから総和とはならず，

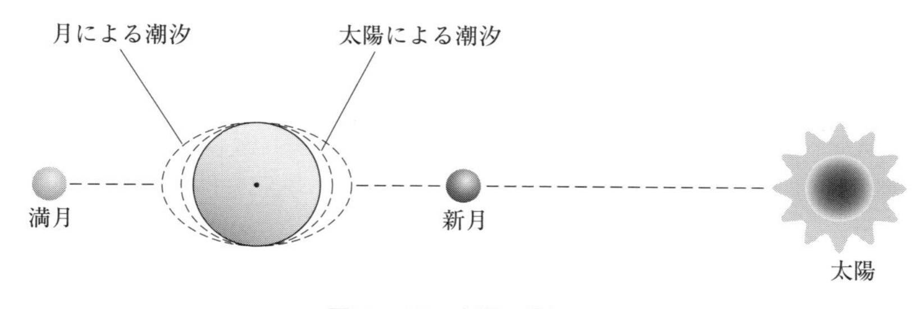

図V－20　大潮の仕組み

もっとも潮位変化の少ない小潮の状態となる。潮汐は約15日ごとに，大潮(最も潮位の差が大きい)がある(図V－20)。この大潮は月と太陽の位置関係が15日ごとに地球を挟んで，反対側に位置を変える周期運動の結果生じる現象である。海水面の上下変化は少なからず海水環境の変化に影響を及ぼすと考えられる。潮位の変化は海水温度の偏りを減らし，動植物やプランクトンの環境を保ち生活圏の拡大に寄与すると考えられる。さらに，水圏の生物循環系の構築に多いに役立っている。もし，月がなかったら，地球環境は全く異なったものになっていただろう。

（3） 宇宙開発競争

「宇宙」という語は，中国では紀元前4世紀ころから見られるという。「宇」とは，上下四方，「宙」は往古来今のことを指す。したがって，「宇宙」は空間的な上下四方と時間的な往古来今の意味を兼ね備えるものである。従来，観測手は肉眼観測に限られていた。それが，ガリレオ(Galileo Galilei, 1564-1642)の望遠鏡，ニュートン(Isaac Newton, 1642-1727)の反射望遠鏡と，理論と観察手段を精緻化させながら宇宙の探求が進められた。その最終段階が宇宙開発競争である，

宇宙開発は，宇宙という人類の未知の領域を探検しその神秘を科学的に究明することに留まらない。実用的な面では，通信衛星や気象衛星，測地衛星などがすでに利用されている他，それに用いるシステムや素材，機器などは科学技術全般や日常生活への波及効果が期待される。さらに，軍事偵察衛星や国家の威信高揚などにも利用されるなど，多目的な国家的プロジェクトでもある。

宇宙開発競争時代の幕開けは，1957年10月，当時のソ連の人工衛星スプートニク1号の打ち上げ成功であった。約84 kgのロケットで打ち上げられた球形の人工衛星が3か月地球のまわりを飛び続けたのである。衛星打ち上げでソ連に先を超されたアメリカは「スプートニク・ショック」を受け，「アメリカ航空宇宙局(NASA: National Aeronautics and Space Administration)」を設立し，ここを中心に予算の増額や人材養成を含め，国家の威信をかけて，宇宙開発に取り組むようになった。

1960年代に入ると，ソ連は有人宇宙飛行の準備を進め，1961年4月には先述のガガーリン宇宙飛行士を乗せた「ボストーク1号」を打ち上げ地球1周の有人飛行に成功，人類を初めて宇宙に送り出した。この年，アメリカはケネディ(John Fitzgerald Kennedy, 1917-1963)大統領の下，人類の月面着陸をめざす「アポロ(Apollo)計画」を発足させソ連をしのぐ宇宙開発に挑んだ。予算も1960年代半ばには毎年50億ドルを超えた。このプロジェクトにはのべ30万人の科学者・技術者が動員され，関係した企業は2万社にのぼったのである。アポロ計画の中心人物は，1942年に実用的な長距離ロケットの原型である軍事兵器「V2号」を開発したドイツ出身のブラウン(Werner von Braun, 1912-1977)であった。宇宙船の打ち上げに用いる「サターン5型ロケット」の開発に最も多額の経費がかかり，全開発費の約30パーセントを占めた。

1967年になると，アメリカ・ソ連両国とも死亡事故が起きている。この事故でソ連は有人月面着陸の計画に慎重な態度を取ったが，アメリカは実現に向けて開発

を続行した。そして，69年7月21日にはサターン5型ロケットを使って打ち上げられたアームストロング（Neil Alden Armstrong, 1930-），オルドリン（Edwin E. Alderin Jr., 1930-），コリンズ（Michael Collins, 1930-）の3人の宇宙飛行士を載せた「アポロ11号」が，月面の「静かな海」への軟着陸で成功した。そして，人類初の月への足跡を残し片道38万kmの行程を無事帰還した。船長アームストロングの「ひとりの人間にとっては小さな一歩だが，人類にとっては偉大なる飛躍だ」の言は，まさしく人類史上画期的な出来事であった。そして，月からみた地球は球形ですばらしく美しく輝いていた（図V－21）。

図V－21　アポロ11号の月面着陸

しかし，有人月面着陸成功後は興奮がさめNASAの予算は削減され，関係した科学者・技術者も大量に退職し宇宙開発は苦境に立たされた。

1970年代はNASAにとって試練の時であった。その局面打開と考えられたのが1965～1966年頃にも試みられたアメリカとソ連が協調する「アポロ－ソユーズ・テスト計画」である。1975年7月，3人の宇宙飛行士を乗せたアポロと2人が搭乗したソユーズがそれぞれ別の打ち上げ基地から発射され，2日後両宇宙船は史上初の宇宙でのドッキングに成功した。

これを最後にアメリカは1回限りで使い捨てにするロケットから，くり返し利用できる「スペースシャトル（space shuttle）」の開発にとりかかり，有人宇宙ステーションの建設を目指すようになった。1981年4月初飛行に成功，翌年11月より1号機「コロンビア号」が実際に運転を開始し，「チャレンジャー号」（1983年4月初飛行），「ディスカバリー号」（1984年8月初飛行），「アトランティス号」（1985年10月初飛行）の4機で宇宙空間において宇宙の無重力状態で種々の基礎的開発的科学実験を行なった。しかし，1986年1月にはチャレンジャー号が発射直後の爆発死亡事故を起こし，2003年にはコロンビア号が地球に帰還する際に空中分解してしまい宇宙開発計画にかなりの遅れがでた。

1990年代半ばからは，日本人宇宙飛行士（毛利衛，向井千秋，若田光一，土井隆雄，野口聡一，星出彰彦，山崎直子）もスペースシャトルに搭乗し活躍するようになった。2011年7月25日早朝，アメリカ・フロリダ州ケネディ宇宙センターに最後のスペースシャトル，アトランティス号が無事帰還し，スペースシャ

図V－22　はやぶさ

トル計画は幕を閉じ，国際宇宙ステーションへはロシアのソユーズが唯一のアクセスとなった。

前年の2010年6月，2003年5月に日本が独自技術を駆使して打ち上げた小惑星探査機「はやぶさ」(図V－22)が予定より3年遅れたが，宇宙の小惑星「イトカワ」から世界ではじめて月以外の天体からサンプルを持ち帰るという快挙を成し遂げ，国中で歓喜に沸いた。日本の宇宙開発技術の水準を世界にアピールし高い評価を得たのである。

科学技術史年表

西　暦	西欧・中東	東アジア・日本
B. C. 4000頃	エジプトに統一国家	縄文式文化(日本)
3500頃	メソポタミア文明	
3000頃	エーゲ文明	
2800頃	ピラミッドの建設	
2781	エジプト大陽暦	
2500頃		黄河文明　インダス文明
2200頃		仰韶(彩陶)文化(中国) 竜山(黒陶)文化(中国)
2000頃	古バビロン王朝成立	赤峰紅陶文化(朝鮮)
1700頃	ハムラビ法典制度	
1650頃	アーメス・パピルス	
1550頃	エベルス・パピルス	青銅器時代はじまる(中国)
1000頃	エジプト現存最古の日時計，鉄器時代に入る	
800頃	ギリシア人ポリス形成	
700頃	ターレス	中国・インド　鉄器時代に入る
600頃	サロス周期	
546頃	ターレス没　ギリシア自然学の開祖，水を根源物質，アナクシマンドロス没　最古の世界地図	春秋時代はじまる(中国)
526頃	アナクシメネス没　空気の根源物質	孔子生まれる(中国)
497頃	ピタゴラス没　三平方の定理，数学的自然観	シャカ生まれる(インド)
475頃	ヘラクレイトス没　万物流転説	
435頃	エンペドクレス没　四元素説	墨子
432頃	メトン周期	
430頃	ゼノン没　ゼノンの逆理	老子
387頃	プラトン「イデア論」 アカデメイア開設	戦国時代はじまる
377頃	ヒポクラテス没　ギリシア医学の集大成	孟子
370頃	デモクリトス没　古代原子論	荘子
350頃	エウドクソス没　同心球説	「黄帝内経」(中国最古の医書)
326頃	アリストテレス没　万学の祖	弥生式文化(日本)はじまる
280頃	ヘロフィロス没　解剖学の祖	指南車(磁石)の出現
260頃	ユークリッド没　「幾何学原論」	鄒衍，五行説を成立
230頃	アルキメデス　浮力・てこの原理，地球説 アリスタルコス没　地動説の先駆	
225頃	エラトステネス　地球の周長	秦の始皇席はじめて中国を統一
215頃	アポロニウス「円錘曲線論」	万里の長城
212頃		前漢，中国を統一
125頃	ヒッパルコス没　歳差運動発見	淮南子
104頃		太初暦制定(中国最初の制定暦施行)
100頃	ヘロン　三角形の面積公式　気力球	司馬遷「史記」成立
46頃	ユリウス暦	
A. D.　30頃		仏教伝承(中国)
77	プリニウス「博物誌」	「九章算術」(中国最古の数学書)後漢，中国を統一
105		王充「論衡」班固「漢書」の成立
150頃	プトレマイオス「アルマゲスト」 天動説	蔡倫　製紙術発明
199頃	ガレノス没　古代医学の集大成	倭国王，後漢に使節を送る(日本)
200頃		張仲景「傷寒論」日本鉄器時代，三国時代に入る(中国)
300頃		「チャラカ本集」(インドの内科書) 「スシュルタ本集」(インドの外科書)
480		祖沖之「綴術」円周率355／113)
499		アールヤバタ「アールヤバティーヤ」(現存するインド最古の天文・数学書)

西　暦	西欧・中東	東アジア・日本
500頃		陶弘景「神農本草経」(中国)
701		大宝律令　暦法，算術，医学の制度(日本)
708		「和同開珎」鋳造　紙・墨の製法伝来(日本)
752		東大寺大仏開眼(日本)「古事記」「日本書記」(日本)
804	ジャービル・イブン・ハイヤーン没　錬金術	「万葉集」成立
850	アル・フワーリズミー没　代数学	
861		宣明暦(日本)
880	アル・バッタニ　天文表三角法	
918頃		深根輔仁「本草和名」
984		丹波康頼「医心方」
1000頃		中国，羅針盤，火薬の発明
1020頃	イブン・シーナー「医学典範」	
1038頃	イブン・アル・ハイサム没　幾何光学	
1040		華昇　活字の発明
1248		李治「測円海鏡」(天元術)
1252		鎌倉の大仏鋳造
1267	R．ベーコン「大著作」	
1299		朱世傑「算学啓蒙」(和算勃興の契機)
1325	マートン学派創立	
1397		金閣寺建立
1439		夏源澤「指明算方」(算盤の図)
1450頃	グーテンベルク　活版印刷術	
1498		田代三喜　李朱(金元)医学を伝える
1500頃	ダ・ヴィンチ　各分野で活躍	
1520	パラケルスス　医療化学	
1543	コペルニクス「天球の回転について」　地動説の提唱	鉄砲の伝来
1557	ベサリウス「人体の構造」	アルメイダ　日本に西洋医学伝える
1564		「清良記」(日本最古の農書)
1576		
1582	ブラーエ　天文台で天体観測	マテオ・リッチ　中国に西洋科学を伝える
1590		西洋活字印刷機　日本に伝来
1596		程大位「算法統宗」(塵劫記へ影響)
1600		李時珍「本草綱目」
	ギルバード「磁石論」	
	ブルーノ　地動説支持により処刑	
1602		リッチ「坤輿万国全図」
1609	ケプラー「新天文学」	リッチ・徐光啓「幾何原本」訳
	ガリレオ「星界の報告」	
1617	ネーピア　対数の発見	徐光啓「秦西水法」
1619	ケプラー　「宇宙の和声学」	
1622		毛利重能「割算書」
1627		吉田光由「塵劫記」
1628	ハーヴィ　血液循環論	鄧王函・王徴「遠西奇器図説」(浮力の原理)(てこの原理)
1632	ガリレオ「天文対話」	
1637	デカルト「方法叙説」	宋応星「天工開物」(中国の技術集成)
1638	ガリレオ「新科学対話」	今村知商「竪亥録」
1642		インド　タージ・マハール廟建立
1643	トリチェリ　真空の実験	神田上水，玉川上水など着工・成
1648	パスカル　気圧の測定	方以智「物理小識」成(1700年初代に日本船来)

1651	ハーヴィ「動物の発生について」	向井元升「紅毛外科秘録」
1657	ゲーリケ　マグデンブルグの半球の実験	
1659		山田正重「改算記」
1662	ボイル　気体法則	磯村吉徳「算法闕疑抄」
	ロイヤル・ソサエティ設立	村松茂清「算組」
1665	フック　顕微鏡による細胞観察	
1666	フランス　王立科学アカデミー創立	
1667	ベッヒャー　燃焼の理論	
1671	ニュートン　流率法(微積分法)の発見	箱根用水完成
1672	マルピーギ　卵の孵化の観察	
1673	ホイヘンス　振子時計の原理と制作法	
1674		関孝和「発微算法」
1677	レーウェンフック　精子の発見	南懐に「霊台儀像志」(比重表・浮力の原理)
1680	ボレッリ「動物運動論」医療物理学派	
1682	ハレー　ハレー彗星の周期性	
1684	ライプニッツ　微分法の発見	渋川春海　貞享暦
1685		鄧王函「遠西奇器図説」日本に舶来(てこの原理，浮力の原理)するが「江戸の禁書」
1686	ライプニッツ　積分法の発見	
1687	ニュートン「自然哲学の数学的原理」	
1690頃	パパン　大気圧機関	梅文鼎「暦算全書」(中国)
1697		宮崎安貞「農業全書」
1698	セーヴァリ　蒸気揚水機	青木昆陽　サツマイモの普及
1704	ニュートン「光学」	貝原益軒「大和本草」
1705	ハレー　ハレー彗星の周期予測	
1710	ファーレンハイト　水銀寒暖計	
1712	ニューコメン　大気圧機	
1713	シュタール　フロジストン説	寺島良安「和漢三才図会」(百科事典)
1715	テーラー　級数展開の定理	徳川吉宗(享保改革)はじまる
1720	ド・モアヴル　複素数	鎌田俊清「宅間流円理」(アルキメデス的方法)
1722		建部賢弘「不休綴術」
1727	ヘールズ「植物静力学」	出版統制の本格化
1733	ケー　織機の飛び杼発明	中根元圭「暦算全書」訳成(浮力の原理・比重表)
1735	リンネ「自然の体系」	
1738	ベルヌーイ　流体力学	
1742	マクローリン　級数展開の定理，セリシウス　摂氏温度目盛	
1743	ダランベール「力学原理」	中根彦循「勘者御伽双紙」(てこの原理)
1749	ビュフォン「博物誌」	会田安明　最上流
1752	フランクリン　避雷針の発明	西村遠里　宝暦の改暦に参加「授時暦解」「貞享暦解」
1754		山脇東洋「臓志」
1755	ブラック　二酸化炭素の発見，カント　星雲説	野呂元文「阿蘭陀本草和解」
1757		田村藍水　江戸で薬品会
1758	オイラー　剛体の運動方程式	
1761	ブラック　熱容量，比熱の測定	
1765	ワット　蒸気機関の改良	
1766	キャヴェンディシュ　水素の発見	
1767	ハーグリーブス　ジェニー紡績機	
1768	アークライト　水力紡績機	三浦梅園「天経或問」
1772	ラヴォアジエ　質量保存の法則	本木良永「和蘭地図略説」
1774	プリーストリ　酸素の発見	前野良沢・中川淳庵・杉田玄白訳「解体新書」
1776		平賀源内　エレキテル完成「物類品隲」
1780頃	ラヴォアジェ　フロジストン説否定	
1780	ガルヴァーニ　動物電気発見	

西　暦	西欧・中東	東アジア・日本
1781	ハーシェル　天王星発見	
1784		ツンベルク「日本植物誌」
1785	カートライト　力織機制作	麻田剛立　洋学・天文
	クーロン　クーロンの法則	
1788	ラグランジュ「解析力学」	森島中良「蛮語捕」「紅毛雑話」
1789	ラヴォアジエ「化学要論」（元素表）	
1790	フランスでメートル法施行	
1795	フランス　理工科学校設立	高橋至時・間重富　改暦に着手
	ハットン「地球の理論」	最上徳内　エトロフ・クナシリ・ウルツプおよびカラフト踏査
1797	モーズリ　送り台つき旋盤制作	司馬江漢　洋学・洋画の先駆者
1798	ランフォード　摩擦熱の実験	志筑忠雄「暦象新書」
	ジェンナー　牛痘種痘法	
1799	ラープラス「天体力学」	
		佐藤信淵「西洋列国史略」
1800	ヴォルタ　電池の原型	伊能忠敬　日本全土の測量開始
1801	ヤング　光の干渉，ガウス「整数論」	狩谷湯斉「本朝慶量権衡攷」
1802	ゲー・リュサック　気体膨張の法則	
1803	ベルツェーリウス　電気化学の基礎	小野蘭山「本草綱目啓蒙」
1804	トレヴィシック　蒸気機関車	
1805		華岡清州　妻の乳癌手術
1806	デーヴィ　電気分解よりナトリウムなどを発生	
1807	フルトン　蒸気船	
1808	ドルトン「化学の新体系」	間宮林蔵　樺太踏査・離島を確認
	ゲー・リュサック　気体反応の法則	
1809	ラマルク「動物哲学」	
1811	フーリエ　フーリエ級数　アヴォガドロ　分子説	大槻玄沢・宇田川玄真「厚生新編」
1812	キュヴィエ　化石復元法	
1813	ベルツェーリウス　化学記号	
1814	フラウンホーファ　太陽スペクトル暗線	
1818	フレネル　光の横波説	
1820	アンペール，エルステッド，ビオ・サバール　電流の磁気作用	大庭雪斉「民間格致回答」
1821		伊能忠敬「大日本沿海輿地全図」
1822		宇田川榕庵「菩多尼訶経」
1823		シーボルト来日
1824	カルノー　カルノーサイクル	
1825	コーシー　複素関数論の基礎，スティーブンソン　蒸気機関車実用化	
1827	オーム　電気抵抗	
1828	ヴェーラー　尿素の人工合成	緒方洪庵「物理約説」「適塾々頭」
	フォン・ベーア「動物の発生史」	青地林宗「気海観瀾」
1829	ロバチェフスキー　非ユークリッド幾何学	伊藤圭介「泰西本草名疏」
1830	リービヒ　有機化合物の元素分析，ライエル「地質学原理」	内田五観　洋学・和算
1831	ファラデー　電磁誘導の発見	
	ブラウン　細胞核発見	石里信由　測量術・和算
1833	ファラデー　電気分解の法則，ミュラー「人体生理学全書」バベジ　解析機関	緒方洪庵「物理約説」
1834		宇田川榕庵「植物啓原」「遠西医方名物考」
1836	ダニエル　ダニエル電池	帆足万里「窮理通」
1837	モールス　電信機発明	宇田川榕庵「舎密開宗」

1838	シュライデン　植物の細胞説	
1839	シュヴァン　細胞説確立	中村善右衛門「蚕当計」(寒暖計製造)
1840	ジュール　電流の熱作用	高野長英「蛮社遭厄小記」
1842	ドップラー　ドップラー効果，マイヤー　エネルギー保存則	渡辺崋山「外国事情書」 大村益次郎　江戸蘭学塾経営
1843	ジュール　熱の仕事当量	
1847	ヘルムホルツ　エネルギー保存則	
1848	W. トムソン　絶対温度目盛	
1849		緒方洪庵「病学通論」(病理学書)
1850	クラジウス　熱力学第2法則，フーコー　光の波動説確認	勝海舟　蘭学塾を開く
1851	ヘルムホルツ　神経の伝達速度測定	
1851～56		川本幸民「気海観瀾広義」
1854	リーマン　リーマン幾何学，多様体	
1855	ベルナール　肝臓のグリコーゲン合成	広瀬元恭「理学提要」
1856～62		飯沼慾斎「草木図説」
1857	パスツール　発酵の理論	村上英俊「三語便覧」
1858	トムソン　微小ガリバノメーター発明	佐久間象山　ダニエル電池制作，種痘所設立
1859	ダーウィン「種の起源」	桂川甫周「和蘭字彙」
	キルヒホフ　熱放射の法則	柳川春三「洋算用法」
1860	マクスウェル　気体速度分布関数，ソルヴェー　アンモニア・ソーダ合成法考案	川本幸民「化学新書」
1861	パスツール　自然発生説の否定	上野彦馬「舎密局必携」写真術
1863	ハックスレー「自然における人間の位置」	堀達之助「英和対訳袖珍辞書」
1864	マクスウェル　電磁場の基礎方程式	
1865	クラジウス　エントロピー増大の原理，メンデル遺伝の法則，ベルナール「実験医学序説」，ケクレ　ベンゼン環	
1866	ノーベル　ダイナマイト	広川晴軒「三元素略説」
1868	ダーウィン「栽培植物の変異」，ヘッケル「自然創造史」	丁匂良「格物入門」 津田仙　西洋野菜(アスパラガス)栽培(梅子の父)
1869	メンデレーフ　元素の周期律表，ミーシャー　核酸の抽出	小幡篤次郎「博物新編補遺」慶応義塾々頭 石黒忠悳「化学訓蒙」軍医総監　三崎嘯輔「理化新説」
1870	パスツール　カイコの病原菌発見	工部省設置
1872	デデキント　無理数論	西周「百学連環」各種訳語の考案 新橋・横浜間鉄道開通　官立富岡製糸工場設立
1873	ファン・デン・ワールス　気体の状態方程式，シュナイダー　染色体の発見	市川盛三郎「理化日記」
1874	ファント・ホフ　立体化学の基礎	遠藤利貞 「増修日本数学史」和算史研究
1876	ベル　電話の発明	伊藤圭介「小石川植物園草木目録」初の理学博士
1877	エジソン　円筒式蓄音器発明，ボルツマン　エントロピーと状態確率の関係	東京数学社会設立，モース　大森貝塚発見，東京大学設立
1878		化学会，東京生物学会設立
1879	エジソン　白熱電球	田中芳男　駒場農学校を設立
1880	パスツール　ニワトリおよびコレラワクチン	飯盛梃造「物理学」「微量天秤」
1881		中国　上海・天津間電信開通
1882	ヘルムホルツ　自由エネルギー，フレミング　細胞核分裂，コッホ　結核菌の発見	東洋学芸雑誌発刊(1881) 物理学訳語会発足(1883)
1883	カントル　集合論の基礎	モース口述・石川千代松筆記「動物進化論」
1884	コッホ　コレラ菌の発見	化学訳語会発足
1885	バルマー　元素スペクトル系列，ダイムラー　ガソリン機関の自動車，イーストマン　写真フイルムの製造	ナウマン「日本列島の構造と生成について」

西　暦	西欧・中東	東アジア・日本
1887	マイケルソン・モーリの実験，フレミング減数分裂発見	堀内利国　脚気の絶滅に成功
1888	ルー　実験発生学の創始　ヘルツ　電磁波の実証　デデンキト　自然数論	
1889	ローレンツ　短縮仮説	東海道線開通
1890	ベーリング・北里柴三郎　血清療法	
1892	メチニコフ　白血球の食作用発見，ローレンツ　電子論，ヴァイスマン　生殖質連続説　フィツジェラルド　短縮仮説	
1893	エジソン　活動写真上映 ディーゼル　ディーゼル機関発明	
1895	レントゲン　X線の発見 ルー「発生力学雑誌」創刊　マルコーニ　無線電信法の発明	北里柴三郎　破傷風の血清療法 豊田佐吉　自動織機発明
1896	ベクレル　放射能の発見，ゼーマン　ゼーマン効果	
1897	J．トムソン　電子の発見 ブラウン　ブラウン管の発見	志賀潔　赤痢菌の発見
1898	キュリー夫妻　ラジウム，ポロリウムの発見	
1900	プランク　量子論の基礎　コレンス，ド・フリース，チェルマック　メンデル遺伝法則再発見，パブロフ　条件反射の研究	
1901	ド・フリース　突然変異説，ラントシュタイナー　ヒトの血液型発見，ノーベル賞制定	高峰譲吉　アドレナリン発見
1902	ルベーグ　ルベーグ積分	
1903	ライト兄弟　初飛行に成功　ラザフォード，ソディ　原子崩壊説　W・トムソン　原子模型	長岡半太郎　土星型原子模型発表
1904	フレミング　2極真空管発明	
1905	アインシュタイン　特殊相対性理論，光量子仮説	
1906	ハーバー　アンモニアの工業的合成，ネルンスト　熱力学第3法則　フォレスト　3極真空管発明	
1907	ベークランド　合成樹脂　ミンコフスキー　四次元概念	
1908	ガイガー　放射線計数管	池田菊苗「味の素」製法特許
1909	ミリカン　電子の電気量	
1910	モーガン　ショウジョウバエの伴性遺伝	秦佐八郎　梅毒特効薬サルバルサン発見
1911	ウィルソン　霧箱，フォード自動車の大量生産，第1回ソルヴェー会議	野口英世　梅毒スピロヘータ純粋培養
1912	ヘス　宇宙線の確認，ラウエ　X線回折	
1913	ボーア　原子構造論　(原子モデル)	
1916	アインシュタイン　一般相対性理論	
1917		理化学研究所設立
1919	ラザフォード　原子核破壊，アストン　質量分析器	
1920	ヒルベルト　数学基礎論	
1922	リチャードソン，数値天気予報	アインシュタイン来日
1923	ド・ブローイ　物質波の概念	
1924	シュペーマン，マンゴルト　形成体による誘導	
1925	ハイゼンベルグ　行列力学，パウリ　排他原理，ベアード　テレビジョンの発明	東京放送局放送開始，日本生化学会創立，東大地震研究所創立
1926	シュレーディンガー　波動力学，サムナー　酵素の結晶化	
1927	ボーア　相補性原理，ハイゼンベルグ　不確定性原理，マラー　人為突然変異	

1928	フレミング　ペニシリンの発見	国民政府　国立中央科学院創立，高柳健次郎　電子
1929	ローレンス　サイクロトロン	式テレビジョンの実験，菊池正士　電子線の回折実験，仁科芳雄　クライン・仁科の式
1931	カレル　ビタミンAの構造推定	木原均　ゲノム説(植物染色体数の研究)
1932	クレブス　クエン酸回路　チャドウィック　中性子発見	中国　物理学会・化学会創設
1935	スタンリー　タバコモザイクウイルス結晶化	湯川秀樹　中間子論
1936		中谷宇吉郎　人工雪の研究，仁科芳雄　理化学研究所にサイクロトロン完成
1937	オパーリン「生命の起源」 アンダーソン　中間子発見	
1938	ハーン他　ウランの核分裂発見	
1939		星野孝平　ナイロン66の合成
1940	ポーリング　抗原抗体反応	
1942	アメリカで原子炉完成　フォン・ブラウン　ロケットＶ１号完成	
1943		朝永振一郎　超多時間理論
1944	ワックスマン　ストレプトマイシン発見	
1945	アメリカ，原子爆弾完成投下，マックミラン，ベクスラー　シンクロトロン完成　ビードル，テータム　一遺伝子一酵素説	
1946	電子計算機ＥＮＩＡＣ完成，世界科学者連盟発足	民主主義科学者協会創立
1948	パロマ天文台　反射大望遠鏡完成，ショックレー他　トランジスター発明　ウィーナー　サイバネティクス	朝永振一郎　くりこみ理論
1949		湯川秀樹　ノーベル物理学賞受賞　(日本初)
1952	アメリカ，水素爆弾完成	赤堀四郎　アミノ酸決定法，福井謙一　フロンティア電子論
1953	ワトソン，クリック　ＤＮＡの二重らせん構造提唱，サンガー　インシュリンのアミノ酸配列決定	ＮＨＫテレビ本放送開始　国際理論物理学会議日本で開催
1954		学術会議　原子力研究に関する公開・自主・民主の３原則声明，小平国彦　数学フィールズ賞受賞，長野泰一・小島保彦　ウイルス抑制因子(インターフェロン)発見
1955	原子力平和利用国際会議 ラッセル・アインシュタイン宣言　核兵器の脅威を訴え，紛争問題の解決には平和的手段を見出すよう勧告する	
1956	コーンバーク　ＤＮＡの人工合成，イギリス，コールダーホール原子力発電所開設	科学技術庁開設
1957	ソ連　人工衛星打ち上げに成功，IBM社FORTRAN開発	東海村原子力研究所　原子炉運転開始
1958	ハイゼンベルク　統一場理論に基づく基礎方程式	江崎玲於奈　トンネル効果，梅沢浜夫　抗生物質カナマイシン発見
1959	バン・アレン　放射線帯の発見，ソ連　月ロケット月面着陸成功	
1960	ペルツ　ヘモグロビンの構造解明	日本生物物理学会創立，カラーテレビジョン放送開始
1961	ニーレンバーグ　人工DNAよりタンパク質合成，ソ連　有人宇宙船打ち上げ成功	第１回科学者京都会議開催，サリドマイド児問題化
1962	ウィルキンズ　ＲＮＡの構造解明	
1964	ゲルマン，ツヴァイク　クォーク理論，アメリカ月面の近接写真	中国　初の原爆実験成功　東海道新幹線営業運転
1965	コラーナ　遺伝暗号の解読	朝永振一郎　ノーベル物理学賞受賞
1966		東海村原子力発電所営業運転
1967	ベルとヒーウッシュ　パルサー検出	中国　水素爆弾実験

西　暦	西欧・中東	東アジア・日本
1968		和田寿郎　日本初の心臓移植
1969	アメリカ　アポロ11号で人類初めて月面着陸	東名高速道路開通
1970	テミン　逆転写酵素発見　コラーナ　遺伝子の人工合成	東大宇宙航空研究所　人工衛生「おおすみ」打ち上げ，日本　万国博覧会(大阪)開催，広中平祐フィールズ賞受賞，中国初の人工衛生打ち上げ成功
1971	超伝導の原理発表	環境庁発足
1973	コーエン・ボイヤー　遺伝子組み換え技術	江崎玲於奈　ノーベル物理学賞受賞
1974		原子力船「むつ」放射能漏れ
1975	遺伝子工学に関する国際会議(アシロマ会議)，ウィルソン「社会生物学」	沖縄国際海洋博覧会開催
		湯川・朝永宣言：核抑止を超えて，核兵器の廃絶を訴える
1976	アメリカ，遺伝子組み換え実験のガイドライン公布，イタリア　ダイオキシン毒害	
1977		静止気象衛星「ひまわり」打ち上げ，国立生物科学総合研究機構発足
1978	遺伝子組み換えによるインシュリン合成，イギリスで初の体外受精児(試験管ベビー)誕生	
1979	スリーマイル島原子力発電所で事故，WHO の天然痘撲滅宣言	韓国　原子力発電所完成　文部省「組み換え DNA 実験指針」告示
1980	アメリカ　遺伝子組み換え技術に特許を認可	日中科学技術協定
1981	アメリカ　スペースシャトル打ち上げ成功	福井謙一　ノーベル化学賞受賞
1982	アメリカ　スーパーマウス作製	リニアモーターカー初の有人走行成功
1983	第17回国際度量衡会議光速を基に 1 m を定義	日本初の体外受精児誕生
1984	欧州合同原子核研究機関　トップクオーク発見	第5世代コンピュータ国際会議
1985	フランス高速増殖実験炉スーパーフェニックス第1次臨界	科学万博－つくば '85開催
1986	チェルノブイリ原発事故	慶応大医学部　女児の産み分けに成功
1987	モントリオールでフロンガス規制会議	利根川進　ノーベル生理学・医学賞受賞
1988	スウェーデン原発全廃法成立	日本初のコンピュータ・ウイルス侵入
1989	常温核融合成功	ハイビジョンテレビ実験放送開始
1990	アメリカ国立がん研究所　世界初の遺伝子治療	森重文　フィールズ賞受賞
1991	欧州合同原子核研究所　ワールド・ワイド・ウェッブ公開(インターネットの本格化)	高速増殖炉「もんじゅ」完成
1992	パウロ2世　ガリレオの破門を解く	毛利衛　スペースシャトル「エンデバー」搭乗
1993	オランダ安楽死法案成立　英仏海峡トンネル完成	日本　半導体のシェア世界一に　「あかつき丸」プルトニウムを積み帰港
1994	アメリカ・フェルミ研究所　トップクォークの存在確認	向井千秋　スペースシャトル「コロンビア」搭乗 横浜で第10回国際エイズ会議
1995	世界気象機関，南極でオゾン層破壊進行と発表　ハッブル宇宙望遠鏡　ヘール・ボップ彗星撮影	高速増殖炉「もんじゅ」ナトリウムもれで運転中止 簡易型携帯電話サービス開始
1996	国連総会，包括的核実験禁止条約採択　ヨハネ・パウロ2世　ダーウィン生物進化論を承認	「科学技術基本計画」閣議決定　O-157　伝染病に指定
1997	フランス高速増殖炉「スーパー・フェニックス」廃止声明　イギリス，クローン羊「ドリー」誕生	臓器移植法公布　東京湾アクアライン開通
1998	月のクレーター深部で水を発見と発表 アメリカ食品医薬品局「バイアグラ」販売認可	日本環境ホルモン学会設立
1999	ロシア・宇宙ステーション「ミール計画」終了	イヌ型ペットロボット「アイボー」発売 東海村原子力発電所臨界事故
2000	ヒト・ゲノムをほぼ解読と発表 コンピュータ2000年問題	白川英樹　ノーベル化学賞受賞
2001	アメリカ下院　クローン人間作成禁止法案可決	野依良治　ノーベル化学賞受賞
2002	スイス新興教団　「クローン女児」誕生と主張	小柴昌俊　ノーベル物理学賞受賞

		田中耕一　ノーベル化学賞受賞
2003	スペースシャトル　コロンビア号爆発事故 アンソニー・レゲット　ヘリウム同位体が粘性を失う現象の理論的研究でノーベル物理学受賞	第1回高校生科学技術チャレンジ開催
2005		京都議定書発動，温室効果ガス量削減
2006	ソウル大学　胚性幹細胞作成の捏造 冥王星が惑星の座を失い，矮惑星となる	YS-11　ラストフライト
2007		山中伸弥　ヒト皮膚からiPS細胞を作成
2008	イギリス国教会チャールズ・ダーウィンの生物進化論を発表当時，認めなかったことに対して謝罪	ノーベル科学賞日本人4人同時受賞(物理学賞：南部陽一郎，益川敏英，小林誠，化学賞：下村脩)
2009	世界保健機関(WHO)，新型インフルエンザの世界的大流行を宣言	諏訪元ら，ラミダス猿人から人類の進化過程を明確化
2010	ベンダー，人工合成されたＤＮＡを持ち自己増殖できる人工生命作成，アメリカ国家安全保障局北朝鮮ネットワークに侵入	小惑星探査機「はやぶさ」帰還，鈴木章，根岸英一ノーベル化学賞受賞，臓器移植法改正，15歳未満の子どもからも臓器摘出可能に
2011	スペースシャトル，国際宇宙ステーションへの飛行終了，欧州合同原子核研究機関の加速器から打ち出されたニュートリノが光速を超えたと発表	東日本大震災・福島第一原子力発電所事故，スーパーコンピューター「京」計算速度世界一，ユッケを食べた客5名が腸管出血性大腸菌O-111により死亡
2012	欧州原子核研究機関ヒッグス粒子発見と発表，探索機キュリオスティ火星着陸，タッチパネル操作「ウィンドウズ8」発売	新潟で放鳥トキのひな誕生，東京スカイツリー開業，山中伸弥，ガードンとともにノーベル生理学・医学賞受賞
2013	PM2.5中国で問題化，NASA「ボイジャー1号」太陽系完全脱出，ロシアのウラル地方に隕石飛来爆発	高血圧治療薬ディオバン臨床研究で不正，iPS細胞目の難病に臨床研究開始，新型出生前診断はじまる
2014	ベルギーで年齢制限がない世界初の安楽死法案制定，エボラ出血熱感染者拡大，死者5,000人を超える，世界平均気温が過去最高に	理化学研究所所員STAP細胞で研究不正・論文回収，ニホンウナギが絶滅危惧種に，青色ダイオード発明・開発で日本人3人ノーベル物理学賞受賞
2015	NASA，冥王星に氷の火山発見	大村　智　ノーベル生理学医学賞受賞 梶田隆章　ノーベル物理学賞受賞

（本文中に記述されていない事項も掲げてある）

日本のノーベル科学3賞受賞者
物理学賞，化学賞，生理学医学賞

湯川秀樹（1907～81）

地質学者小川琢（1870～1941）の三男として東京に生まれる。1929年京都帝国大学理学部物理学科を卒業。32年結婚して湯川姓を名乗る。33年大阪帝国大学講師となり，核力と場の理論に取り組む。34年中間子仮説を提起。39年京都帝国大学教授。40年学士院恩賜賞受賞。42年東京帝国大学教授と兼任。43年文化勲章を受章。49年，「核力の理論的研究に基づく中間子存在の予想」に対して，日本人としてはじめてノーベル物理学賞を受賞。コロンビア大学教授。53年帰国して以降京都大学基礎物理学研究所長を務めた。

朝永振一郎（1906～79）

京都帝国大学教授で西洋哲学者の朝永三十郎（1871～1951）の長男として東京に生まれる。1929年，京都帝国大学理学部物理学科を卒業。同大副手を経て，32年，理化学研究所仁科芳雄（1890～1951）の研究室研究生。1937年から39年，ドイツのハイゼンベルグの下へ留学し，原子核理論を研究した。1941年，東京文理科大学（筑波大学の前身）教授に就任。43年，量子論を相対論的に定式化し「超多時間理論」として発表した。1956年から62年までは東京教育大学学長。1965年，量子電磁力学の研究でノーベル物理学賞受賞。

江崎玲於奈（1925～　）

大阪市生まれ，1947年東京大学理学部物理学科卒業。東京通信工業（現在のソニー）社員時代の1956年，半導体研究においてゲルマニウムの電気特性が「トンネル効果」により大きな影響を受けることを発見。ここからさらに，「エサキダイオード」を開発した。1960年に渡米，IBMワトソン研究所所員となった。1973年「半導体におけるトンネル効果の発見に対して」アメリカのジェーバー（I. Giaever），イギリスのジョセフソン（B. D. Josephson）とともにノーベル物理学賞受賞。1992年からは，筑波大学や芝浦工業大学の学長に就任すると共に，産業界，官界，学界との連携にも力を入れた。

福井　謙一（1918～1998）

奈良県に生まれ，少年時代は大阪で過ごす。「ファーブル昆虫記」を愛読していたという。1941年京都帝国大学工学部工業化学科卒業。1943年燃料工学科講師就任とともに陸軍技術将校も兼務した。1951年同学科教授。翌年，フロンティア軌道によって分子の反応性が制御されているという「フロンティア軌道理論」を発表。ポーランド生まれのアメリカの化学者ホフマン（R. Hoffmann）とともに「化学反応過程に関する理論的研究」に対して，1981年にノーベル化学賞受賞。翌年，京都大学を定年退官すると共に京都工芸繊維大学学長に就任した。

利根川　進（1939～　）

愛知県に生まれ，1963年京都大学理学部化学科を卒業。日本における分子生物学の導入に尽力した同大ウイルス研究所の渡辺格（1916～2007）に師事する。さらに渡米，カリフォルニア大学で学位を取得した後，欧米の研究所で研究を重ね，1976年，免疫グロブリンの遺伝子構造を解明し注目を浴びる。1981年からマサチューセッツ工科大学教授。「多様な抗体を生成する遺伝学的原理の発見」に対して，1987年日本人初のノーベル生理学医学賞受賞。脳科学にも研究領域を広げ，2009年，日本の理化学研究所脳科学総合研究センター所長に就任した。

白川　英樹(1936～　)

東京都生まれ，父は軍医であった。1961年東京工業大学理工学部化学工学科卒業後，同大学院で研究を続ける。アメリカ・ペンシルベニア大学で博士研究員を経験した後，1979年より筑波大学に勤務。2000年，「導電性高分子の発見と応用」に対してアメリカのヒーガー(A. J. Heeger)，ニュージーランドのマクダイアッド(A. G. MacDiamid)とともにノーベル化学賞を授与された。「電気を通すプラスチック」の研究として一般にも知られる。翌年から2003年まで内閣府総合科学技術会議議員を務めた。

野依　良治(1938～　)

兵庫県に生まれる。化学に関心を持ったのは中学生の時であったという。1961年に京都大学工学部工業化学科卒業。大学院修士課程修了後，助手に就任。1968年から名古屋大学理学部勤務。1986年にルテニウム錯体の触媒による不斉合成を発表。これが評価され，アメリカのノールズ(W. S. Knowles)，ハーバード大学博士研究員時代の同僚シャープレス(B. Sharpless)と共に2001年ノーベル化学賞受賞。名古屋大学物質科学国際研究センター長，理化学研究所長を歴任した。日本人ノーベル賞受賞者の中では最多の特許を取得している。

小柴　昌俊(1926～　)

愛知県に生まれ，旧制第一高等学校を経て，1951年東京大学理学部物理学科卒業。朝永振一郎の助言と推薦で，渡米，ロチェスター大学において博士号取得。東京大学原子力研究所，理学部に勤務。陽子崩壊を検出できる岐阜県神岡鉱山跡に設けられた「カミオカンデ」で超新星のニュートリノを東京大学を定年退官する年に検出した。2002年「天体物理学，特にニュートリノ検出に対するパイオニア的貢献」に対してアメリカのデービス(R. Davis)，ジャコーニ(R. Giacconi)と共にノーベル物理学賞受賞。

田中　耕一(1959～　)

富山県生まれ，東北大学工学部電気工学科を1983年卒業。同年，株式会社島津製作所入社。「ソフトレーザー脱離イオン化法」とよばれるタンパク質を気化して検出する装置を作製し，1989年質量分析学会奨励賞を受賞した。この功績が評価され，アメリカのフェン(J. B. Fenn)，スイスのヴュートリッヒ(K. Wuthrich)と共に2002年ノーベル化学賞受賞。受賞時点でノーベル賞史上初の学士号のみで博士号を取得していない受賞者であった。また，受賞の知らせを受けた際，作業着でメディアの前に登場したことでも話題となる。受賞後，愛媛，筑波，京都，東北，東京大学の各客員教授を歴任した。

南部陽一郎(1921～　)

東京都生まれ，旧制第一高等学校を経て，1942年東京大学理学部物理学科卒業。同大助手，陸軍に応召などを経験。1949年から新設の大阪市立大学物理学教室に勤務。1952年渡米。プリンストン高等研究所，カリフォルニア工科大学などで研究を行い，1954年よりシカゴ大学に在籍。1970年からアメリカ国籍。理論物理学の幅広い研究と独自の発想で知られる。2008年，「自発的対象性の破れの機構」の研究に対して，小林誠，益川敏英と共にノーベル物理学賞受賞。それ以前にハイネマン賞を皮切りに，マックスプランクメダル，ディラック賞，ウルフ賞等，主要な賞のほぼすべてを受賞していた。

小林　誠(1944～　)

愛知県生まれ，1972年，名古屋大学大学院博士課程修了。京都大学助手を経て，1979年より高エネルギー物理学研究所に勤務。2003年には所長。理論物理学の領域で1973年，宇宙で物質が反物質よりも多いことが説明できることにつながる「小林・益川理論」を発表，頻繁に引用される学説となった。イタリアのカビボ(Nicola Cabibbo, 1935～2010)との「CKM (Cabibbo-Kobayashi-Maskawa) 行列」の導入などで国際的に知られる。2008年，南部陽一郎，益川敏英と共にノーベル物理学賞。受賞対象は「対象性の破れの起源」に関する内容に対してであった。

益川　敏英(1940～　)

名古屋市生まれ，1967年，名古屋大学大学院博士課程修了。名古屋大学，京都大学，東京大学で理論物理学の研究に従事し，1980年より京都大学基礎物理研究所教授，1997年から2003年までは所長を務めた。翌年より，京都産業大学理学部に勤務。2008年，南部陽一郎，小林誠と共にノーベル物理学賞受賞。その知らせに「大してうれしくない」との発言や尊敬している南部陽一郎との同時受賞での感激，外国語が苦手でノーベル賞授賞式の講演を日本語で行うなどユニークなパーソナリティぶりを見せた。

下村　脩(1928～　)

京都府生まれ，長崎医科大学附属薬学専門部(長崎大学薬学部の前身)卒業。同大実習指導員を経て，1955年名古屋大学平田義正の有機化学研究室研究生となり，ウミホタルの発光物質ルシフェリンの結晶化に取り組み成功。これを機に1959年渡米。プリンストン大学のジョンソン(F. Johnson)の下，オワンクラゲの発光物質の研究をフライデーハーバー研究所やウッズホール臨海実験所で行った。2008年，「蛍光緑色タンパク質の発見と応用」に対して，アメリカのチャルフィー(M. Chalfie)，チャン(R. Y. Tsien)と共にノーベル化学賞受賞。

鈴木章(1930～　)

北海道に生まれ育ち，1954年北海道大学理学部化学科卒業，続いて大学院理学研究科化学専攻博士課程を修了。1961年から北海道大学工学部助教授，73年に教授。この間の1963年から65年まで，アメリカ・インディアナ州のパデュー大学で有機ホウ素化合物を研究。1994年北海道大学名誉教授。1989年日本化学会賞，2004年日本学士院賞を受賞。2010年，根岸英一とともに「パラジウム触媒を使ったクロスカップリング反応の開発」によりノーベル化学賞受賞。同年度の文化功労者に選出され，文化勲章を受章した。

根岸英一(1935～　)

戦前の満州国新京(現，中国吉林省長春)で生まれ，朝鮮・京城(現，韓国ソウル)で育つ。戦後，神奈川県に引き揚げ，1958年東京大学工学部応用化学科を卒業し，帝人に入社。在職中の1960年から63年にペンシルベニア大学大学院に留学，博士号取得。66年パデュー大学博士研究員，72年シラキュース大学助教授に就任。同年，帝人を退社。79年パデュー大学教授。1997年日本化学会賞受賞。ノーベル化学賞受賞後の2011年，ペンシルベニア大学名誉博士。日本の独立行政法人科学技術振興機構総括研究主監に就任した。

山中伸弥(1962～　)

東大阪市に生まれ，奈良市で育つ。1987年神戸大学医学部卒業，研修医を経て89年，大阪市立大学大学院医学研究科に入学し，93年修了。同年，カリフォルニア大学サンフランシスコ校グラッドストーン研究所博士研究員。96年大阪市立大学医学部助手，99年奈良先端科学技術大学院大学助教授・教授を経て2004年より京都大学再生医科学研究所教授。10年からは同大iPS細胞研究所長。2006年マウスの線維芽細胞から，翌年にはヒトの皮膚から人工多能性幹細胞(iPS細胞)を作成。この研究により2012年，ノーベル生理学・医学賞を受賞した。

赤﨑勇(1929～　)

鹿児島県で生まれ育ち，旧制第七高等学校より京都大学理学部化学科へ進み，1952年卒業，同年神戸工業入社。真空管の研究に従事。59年名古屋大学工学部助手に就任。講師，助教授を経て，松下電器産業(松下技研の前身)に入社。半導体部長を最後に退社。1981年，名古屋大学工学部電子工学科教授。青色発光ダイオードの研究に従事。1992年名古屋大学を定年退職し，名城大学理工学部教授。2014年青色ダイオード開発・発明により天野浩，中村修二とともにノーベル物理学賞受賞した。

天野浩(1960～　)

静岡県浜松市に生まれ育ち，1979年名古屋大学工学部電子工学科入学，83年同大大学院工学研究科へ進学。赤﨑勇の研究室で窒化ガリウム系発光素子の研究に従事する。88年名古屋大学工学部助手。翌年，名城大学理工学部講師，助教授，教授を経て，2010年名古屋大学大学院工学研究科教授。翌年，同大学院赤﨑記念研究センター長。1998年応用物理学会会誌賞，2008年日本結晶成長学会論文賞受賞。ノーベル物理学賞を受賞した2014年，文化功労者，文化勲章も受章した。

中村修二(1954～　)

愛媛県で生まれ育つ。徳島大学工学部電子工学科に進み，1977年卒業，引き続き大学院に進学し1979年修了。同年，日亜化学工業入社。在職中の88年フロリダ大学で学ぶ。1993年青色発光ダイオードの製品化への開発に成功。96年には紫色半導体レーザーも実現させた。企業技術者の特許に関する訴訟を起こす。2000年からはカリフォルニア大学サンタバーバラ校教授。ノーベル物理学賞受賞以前には，1994年応用物理学会論文賞，97年には大河内記念賞。2001年「青色発光素子の研究と開発」で朝日賞などを受賞していた。米国籍。

大村智(1935～　)

山梨県韮崎市に生まれ育ち，1958年山梨大学学芸学部卒業。東京都立の工業高校定時制で教員を務めながら63年東京理科大学大学院理学研究科修士課程に入学。修了後，山梨大学助手を経て，1975年北里大学教授。2001年北里生命科学研究所所長。2013年に北里大学特別栄誉教授。1990年日本学士院賞，2012年文化功労者，2014年ガードナー国際保健賞を受賞。寄生虫による感染症の治療薬イベルメクチンの開発でアメリカのキャンベル(W. C. Campbell)，マラリアの新治療薬の中国，屠呦呦とともに2015年ノーベル生理学医学賞を受賞。

梶田隆章(1959～　)

埼玉県東松山市で生まれ育つ。1981年，埼玉大学理学部物理学科を卒業。次いで東京大学大学院理学系研究科に進み，2002年のノーベル物理学賞受賞者，柴昌俊に師事して1986年修了。東京大学助手を経て，92年同大学宇宙線研究所助教授，99年同教授。2008年から所長。スーパーカミオカンデ建設に関与。12年日本学士院賞，15年には質量がないとされていた素粒子ニュートリノに質量があることを示すニュートリノ振動の発見によりカナダのマクドナルド(A. B. McDonald)とともにノーベル物理学賞。同年，文化勲章も受賞。

図版出典一覧

図Ⅰ－1　溝口作図
図Ⅰ－2　溝口作図
図Ⅰ－3　溝口元・松永俊男：「改訂新版　生物学の歴史」，放送大学教育振興会(2005)
図Ⅰ－4　G. ヴェヴァーズ著，羽田節子訳：「ロンドン動物園150年」，築地書館(1979)
図Ⅰ－5，図Ⅰ－6　溝口元・松永俊男：「改訂新版　生物学の歴史」，放送大学教育振興会(2005)
図Ⅰ－7　溝口撮影
図Ⅰ－8　溝口元：「科学の歴史」，関東出版社(1985)
図Ⅰ－9～14，16「新潮日本文学アルバム　南方熊楠」，(1995)新潮社
図Ⅰ－15　粘菌シャーレ，河合撮影
図Ⅰ－17，18　本間健彦：「イチョウ精子発見の検証」，新泉社(2004)
図Ⅰ－19　吉原賢二：「科学に魅せられた日本人」，岩波ジュニア新書(2001)
図Ⅰ－20　河合作図
図Ⅰ－21　林富士男：「牧野富太郎」，新学社・全家研(1989)
図Ⅰ－22　溝口元・松永俊男：「改訂新版　生物学の歴史」，放送大学教育振興会(2005)
図Ⅰ－23　石川統監修：「ダイナミックワイド図説生物」，東京書籍(2003)
図Ⅰ－24「ウニ初期発生」(生物学資料集編集委員会編：「生物学資料集(第3版)」，東京大学出版会(1974)
図Ⅰ－25　毛利秀雄：「日本の動物学の歴史」，培風館(2007)
図Ⅰ－26　金谷晴夫：「初期発生における細胞」，岩波書店(1971)

図Ⅱ－1　星元紀，松本忠夫，二河成男：「初歩からの生物学」，放送大学教育振興会(2008)
図Ⅱ－2，4　NPG supplement：「The double helix－50 years」記念特集，Nature (2003)
図Ⅱ－3　星元紀，松本忠夫，二河成男著：「初歩からの生物学」，放送大学教育振興会(2008)
図Ⅱ－5　長野敬：「サイエンスビュー生物総合資料」，実教出版(2009)
図Ⅱ－6　ポール・ラビノウ：「PCRの誕生」，みすず書房(1998)
図Ⅱ－7　河合作図
図Ⅱ－8　武村政春他：「これだけはおさえたい生命科学」，実教出版(2010)
図Ⅱ－9～16　石川統監修：「ダイナミックワイド図鑑生物」，東京書籍(2003)
図Ⅱ－17　遠山益編：「図説細胞生物学」，丸善(1998)
図Ⅱ－18　Gerald Karp：「カープ分子生物学」，東京化学同人(2000)
図Ⅱ－19　中村桂子，松原謙一監訳：「Essential 細胞生物学」，南江堂(2011)
図Ⅱ－20　Lynn margulis：「細胞の共生進化」，学会出版センター(1985)
図Ⅱ－21，22　中村運：「細胞の起源と進化」，培風館(1982)
図Ⅱ－23，24　前田靖男：「パワフル粘菌」，東北大学出版会(2006)

図Ⅲ－1　森山茂・溝口元：「地球・物質・生命」，開成出版(1993)
図Ⅲ－2，3　たばこと塩の博物館　常設展示ガイドブック(2007)
図Ⅲ－4，5　福岡市健康づくり財団，たばこについて考えよう(パンフレット)(2009)
図Ⅲ－6　森山茂・溝口元：「地球・物質・生命」，開成出版(1993)
図Ⅲ－7　文部科学省・厚生労働省・警察庁(学校配布用パンフレット)
図Ⅲ－8　森山茂・溝口元：「地球・物質・生命」，開成出版(1993)
図Ⅲ－9　厚生労働省ヒト幹細胞情報化推進事業，SKIP運営委員会
図Ⅲ－10　Nature vol. 387 no. 6630 p217 15 May (1997)
図Ⅲ－11　長野敬：「サイエンスビュー生物総合資料」，実教出版(2009)
図Ⅲ－12　経塚淳子：「遺伝のしくみ」，新星出版社(2008)
図Ⅲ－13　近江谷克裕：「発光生物のふしぎ」，ソフトバンククリエイティブ(2009)

図Ⅳ－1　厚生労働省エイズ動向委員会：「平成20年エイズ発生動向年報」(2008)
図Ⅳ－2，3　森山茂・溝口元：「地球・物質・生命」，開成出版(1993)
図Ⅳ－4　朝日新聞1997年6月30日付
図Ⅳ－5　稲葉裕・味澤篤監修：「恐怖の食中毒菌O-157」，法研(1996)
図Ⅳ－6　森山茂・溝口元：「地球・物質・生命」，開成出版(1993)
図Ⅳ－7　溝口元・松永俊男：「改訂新版生物学の歴史」，放送大学教育振興会(2005)
図Ⅳ－8　永倉俊和監修　早めにはじめる花粉症対策，フジサワ(パンフレット)(2004)

図Ⅴ－1　森山茂・溝口元：「地球・物質・生命」，開成出版（1993）
図Ⅴ－2　赤木昭夫：「チェルノブイリの放射能」，岩波ブックレット No.74，岩波書店（1986）
図Ⅴ－3　別冊宝島編集部編：「世界一わかりやすい放射能の本当の話」，宝島社（2011）
図Ⅴ－4　原強：「増補版『沈黙の春』の世界」，かもがわ出版（1998）
図Ⅴ－5　朝日クロニクル週刊20世紀1946昭和21年，朝日新聞社（1999）
図Ⅴ－6　溝口作成
図Ⅴ－7　環境情報普及センター編：「地球にやさしいライフスタイル」，第一法規（1991）
図Ⅴ－8　渋谷一夫他：「科学史概論」，ムイスリ出版（1997）
図Ⅴ－9，10　日本環境協会編：「地球温暖化を考える　環境シリーズ No.69」（パンフレット），日本環境協会（1995）
図Ⅴ－11～14　長谷川博監修：「アホウドリ復活への奇跡」，東邦大学メディアネットセンター（東邦大学理学部ホームページ）
図Ⅴ－15　Nakabo *et al*. *Ichthyological Research*（2011）
図Ⅴ－16　パトリック・マターニュ著，門脇仁訳：「エコロジーの歴史」，緑風出版（2006）
表Ⅴ－1，2　河合作成
図Ⅴ－17　溝口作図
図Ⅴ－18　池内了：「太陽系惑星の謎を解く」，C&R研究所（2009）
図Ⅴ－19　Newton：「月世界への旅」，ニュートンムック（2009）
図Ⅴ－20　平賀章三：「地球のしくみ」，新星出版社（2007）
図Ⅴ－21　朝日クロニクル週刊20世紀1969昭和44年，朝日新聞社（1999）
図Ⅴ－22　角川シネマ有楽町　はやぶさ（映画チラシ）（2011）

参考文献

（図版出典一覧で示した以外の文献）

Ⅰ．生命観の変遷

長田敏行：遺伝　特集　植物の生殖，裳華房（1996）

糸魚川直祐：エソロジーから見た人の母性・父性，ヒューマンサイエンス，12巻1号，9－12頁（1999）

久保桂子：母性愛と母性行動をめぐる議論の検討，戸板女子短期大学研究年報，44号，3－17頁（2002）

黒田公美：母性行動の神経生物学的基盤，分子精神医学，4巻4号，32－37頁（2004）

坂口けさみ・中島邦夫：脳内プロラクチン受容体遺伝子発現と母性行動の誘導，生化学，69巻4号，247－250頁（1997）

山内兄人：脳が司る母性，父性－ラットの研究から－，ヒューマンサイエンス，12巻1号，3－8頁（1999）

Ⅱ．現代の生命科学

ジェームズ，D・ワトソン：「DNA」（上，下），講談社（2005）

ジェームズ，D・ワトソン：「二重らせん」，講談社（1986）

生田哲：ヒトの遺伝子のしくみ，日本実業出版社（1995）

桜井俊彦：「ＤＮＡ鑑定」，メディアファクトリー（2010）

武村政春：「これだけはおさえたい生命科学」，実教出版（2010）

野島博：「分子生物学の軌跡」，化学同人（2007）

キセリー・マリス：「マリス博士の奇想天外な人生」，早川書房（2000）

田沼靖一：「アポトーシス実験プロトコール」，秀潤社（1998）

武部啓：ヒト遺伝子情報の特許と倫理，科学，70巻4号，305－311頁（2000）

具嶋弘：日本の製薬関連企業を中心とするゲノム研究の取り組み，学術月報，56巻8号，812－816頁（2003）

青野由利：「文系のための生命科学」，羊土社（2008）

Ⅲ．人間の生物学

額田勲：「終末期医療はいま」，ちくま新書（1995）

柏木哲夫：「死を看取る医学　ホスピスの現場から」，日本放送出版協会（1997）

キューブラ・ロス著，川口正吉訳：「死ぬ瞬間」，読売新聞社（1971）

永田勝太郎：「家族がガンといわれたとき－その生をどうささえるか－」，主婦の友社（1987）

田沢健次郎・溝江昌吾：「がん研究の最前線」，朝日選書（1989）

近藤誠：「乳ガン治療・あなたの選択」，三省堂（1990）

梶原哲郎・小川健治監修：「がんで死なない！ための常識」（毎日ライフ編集），毎日新聞社（1997）

別冊宝島：「副作用は抗がん剤は効かない！」，248号，宝島社（1996）

鈴木善次：「日本の優生学」，三共出版（1983）

米本昌平：「遺伝管理社会」，弘文堂（1989）

溝口元：占領期における人口政策と受胎調節（家族計画），中山茂，後藤邦夫，吉岡斉編：「通史　日本の科学技術　1　占領期　1945－1952」，学陽書房（1995）

太田典礼：「堕胎禁止と優生保護法」，経営者科学協会（1967）

Ⅳ．感染症と生活環境

森山茂・溝口元：「地球・物質・生命」，開成出版（1993）

溝口元・松永俊男：「生物学の歴史」，放送大学教育振興会(2005)
日本医療環境福祉検定協会：「医療福祉環境アドバイザー3級テキスト」(2009)
クルードソン著，小野克彦訳：「エイズ疑惑」，紀伊国屋書店(1991)
「週刊朝日」緊急増刊「O-157　清潔ニッポンを逆襲する」，1996年8月25日号
国立大学等保健管理施設協議会エイズ・感染症特別委員会，「SARS Handbook 2004」(2004)
松井宏夫：「狂牛病」，主婦と生活社(2001)
西岡清：「新しいアトピー治療」，講談社ブルーバックス(2006)
ガオ・ユーリング編メング・ジアドング訳：「SARS予防 緊急現場報告」，PHP研究所(2003)
河岡義裕：「インフルエンザ危機」，集英社(2005)
岡田晴恵：「H5N1型ウイルス襲来」，角川書店(2007)
押谷仁・虫明英樹：「新型インフルエンザはなぜ恐ろしいのか」，日本放送出版協会(2009)

V．地球環境問題と自然保護
別冊宝島編集部：「世界一わかりやすい放射能の本当の話」，宝島社(2011)
赤木昭夫：「チェルノブイリの放射能」(岩波ブックレット)，岩波書店(1986)
原強：「増補　『沈黙の春』の世界　レイチェル・カーソンを語り継ぐ」，かもがわ出版(1998)
富田豊編：「環境科学入門」，学術図書出版社(2006)
環境情報普及センター編：「地球にやさしいライフスタイル」，第一法規(1991)
日本環境協会：「地球温暖化を考える」，日本環境協会(1995)
谷山鉄郎：「地球環境保全概論」，東京大学出版会(1991)
西岡秀三・諸住哲編：「地球環境破壊とは？」，東京教育情報センター(1991)
長谷川博：「50羽から5000羽へ」　アホウドリの完全復活をめざして」，どうぶつ社(2003)
長谷川博：「渡り鳥　地球をゆく」，岩波書店(1990)
長谷川博：「アホウドリに夢中」，新日本出版社(2006)
パトリック・マターニュ著門脇仁訳：「エコロジーの歴史」，緑風出版(2006)
「週刊20世紀」，1946，2号，20頁，朝日新聞社(1999)
「週刊20世紀」，1969，27号，2頁，朝日新聞社(1999)
渋谷一夫他：「科学史概論」，ムイスリ出版(1997)
藤城敏幸：「生活と環境」，東京教学社(1999)
石浦章一：「光るクラゲがノーベル賞をとった理由」，日本評論社(2009)

著者紹介

溝口　元（みぞぐち・はじめ）

早稲田大学大学院理工学研究科博士後期課程修了（理学博士）

立正大学社会福祉学部教授，神奈川大学，放送大学講師

河合　忍（かわい・しのぶ）

神奈川大学大学院理学研究科博士後期課程修了（博士（理学））

神奈川大学，亜細亜大学，駒澤女子大学講師

自然科学のとびら：生命・宇宙・生活

初版発行　2015年３月25日
再版発行　2016年３月25日
再版２刷　2017年３月25日

著　者©　溝口　元
　　　　　河合　忍

発行者　森田　富子
発行所　株式会社 アイ・ケイ コーポレーション
東京都葛飾区西新小岩4－37－16
メゾンドール I&K／〒124-0025
Tel 03-5654-3722，3番　Fax 03-5654-3720番

表紙デザイン　㈱エナグ　渡部晶子

組版　㈲ぷりんてぃあ第二／印刷所　モリモト印刷㈱

ISBN978-4-87492-331-3 C3045